浙江主要粮油作物生产新技术与新模式

ZHEJIANG ZHUYAO LIANGYOU ZUOWU
SHENGCHAN XINJISHU YU XINMOSHI

怀　燕　厉宝仙　主编

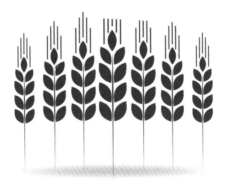

中国农业出版社

北　京

编 写 人 员

主　　编　怀　燕　厉宝仙

副 主 编　陈叶平　王月星　秦叶波

编写人员（按姓氏笔画排序）

王　杰	王宏航	王宏辉	王新溪	毛光锋	方文英
卢明和	叶小君	冯忠平	朱日清	华水金	向文彬
刘　波	刘洁琪	汤学军	许寿增	许剑锋	纪国成
李　育	李　婧	李　斌	李　瑾	杨晓明	杨梢娜
吴早贵	吴敏芳	吴森贤	何豪豪	汪明德	张　慧
张红梅	张国萍	张建英	陆维婷	陈　军	陈少杰
陈生良	陈佳麒	陈惠哲	邵美红	范飞军	范国华
林美华	金海刚	周可明	周奶弟	周宇杰	周昌南
郑晓薇	孟华兵	孟忠雷	项　超	赵　洪	赵佩欧
胡谷琅	柏　超	俞慧明	祝丽娟	姚云锋	顾建强
候建军	倪日群	徐　军	徐立军	徐建强	高兴友
高洪勤	戚志荣	盛定建	符华福	程旺大	曾人跃
谢奇玕	赖联赛	蔡小盈	蔡仁祥	潘建清	

　　浙江地处东南沿海，陆域面积10.55万平方千米，素有"七山一水二分田"之说，人均耕地不足半亩，是全国第二大粮食主销区，切实提高粮食作物生产水平对于保障浙江省粮食生产安全至关重要。近几年来，浙江省农业技术推广中心以绿色高产创建和省级粮油产业技术团队项目为抓手，以解决粮油生产中的瓶颈问题为导向，以农民增产增收为目标，联合省内"三农六方"科研单位、各地市科研院所及农业技术推广部门，协作开展粮油作物先进适用技术的研究试验与示范集成，在生产实践中研发、熟化、推广应用了一批粮油生产新技术与新模式。这些新技术和新模式内容包括粮食作物高产创建、化肥农药减量绿色粮油生产方式、农机农艺融合轻简化生产、新型农作制度创新等，在示范应用和推广中，成效显著。例如，在不同类型水稻的高产技术模式应用下，近几年浙江省粮食作物高产纪录不断被刷新，尤其是"籼粳杂交稻超千公斤高产高效技术"创造了最高亩①产1 106.39千克的纪录；"水稻叠盘暗出苗'1+N'育供秧技术模式"大大提高了工厂化育供秧能力，已推广到江西、安徽等十几个省；"水稻化肥农药减量技术模式"在推广应用中实现了化肥氮使用量减少10%～20%，肥料利用率提高2%～5%，比传统施肥减少2～3次，农药用量减少30%～50%，比传统施药减少1～2次，为浙江农业绿色发展

———————————
①亩为非法定计量单位，1亩＝1/15公顷。——编者注

1

提供了强有力的技术支撑。本书选取近几年粮油生产中先进适用的技术模式编撰成册，语言简练，图文并茂，易懂易学，可供各级农业管理人员、技术人员和农业生产经营主体学习参考。

本书的出版得到了浙江省农业农村厅行政主管部门、科研院所以及各级农技推广部门、各示范经营主体的大力支持，在此一并表示衷心感谢。由于水平有限，书中难免有不足之处，敬请广大读者批评指正。

编　者

2020 年 7 月

CONTENTS **目 录**

油菜篇

水稻篇 | SHUIDAOPIAN

水稻叠盘出苗"1 + N"育供秧技术模式

一、模式概况

水稻叠盘出苗"1 + N"育供秧技术模式，是指由育秧中心完成育秧床土或基质准备、种子浸种消毒、催芽处理、流水线播种、温室内叠盘、保温保湿出苗等过程，将针状出苗秧连盘提供给用秧户，由用秧户在炼苗大棚或秧田完成后续育秧过程的一种"1个育秧中心 + N个育秧点"的育供秧模式。该技术模式在浙江省诸暨市山下湖镇新桔城粮食生产合作社等地试验示范。

二、主要优势

该技术模式通过专业育秧中心控温控湿，解决出苗难题，提早出苗2～4天，提高成秧率15%～20%；与玻璃温室育秧比较，空间置盘量可增加6倍以上，室内出苗管理时间由5天缩短到2.5天，供秧能力至少提高12倍以上；与大秧运输相比，出苗秧秧盘运输可以叠盘，运输成本大大降低，运输距离可以加长，供秧范围大幅扩大。该技术与非实施区比较每亩增产37.11千克，每亩可新增纯收益99.45元，社会经济效益显著。

三、技术要点

1.选用专用基质　尽量采用水稻机插专用育秧基质育秧，也可选择基质母剂，加当地育秧土育秧，确保育秧安全、壮苗，同时降低育秧风险（图1-1）。选用自配的营养土，若壮秧剂或肥料等混拌不均匀，容易造成秧苗立枯病等病害的发生，或产生肥害、药害，出现秧苗缺孔或秧苗不整齐，影响机插质量。选用全基质可避免这些风险，秧苗素质得到提高。

图1-1　育秧基质

2.**选用先进播种设施**　采用播种均匀、播量控制准确、浇水到位的机插秧播种流水线播种，流水线末端加装叠盘机，因地制宜配装自动上料的装备，可减少人工投入（图1-2、图1-3）。

图1-2　水稻现代化育秧中心

图1-3　播种流水线

3.**做好种子处理**　先将种子放在太阳下晒5～8小时，然后去秕去杂，再将干种子浸入装有预先配制好的25%氰烯菌酯悬浮剂2 000～3 000倍液的浸种容器中（种子要低于液面10厘米左右），若氰烯菌酯防恶苗病效果不好（产生耐药性）的地区，也可选用咪鲜胺等效果好的药剂浸种。根据品种特性确定适宜的浸种时间。药剂浸种要配好药剂浓度并浸足时间，以确保浸种效果。取出种子后置于通风透气处沥干，待种子表面较干、手抓不黏手时，即可直接用于播种（标准化智能温室叠盘出苗可采用盲谷播种）。若无标准温室，可先催芽露白后再播种。

4.合理确定每盘播种量　将10只空盘置于播种流水线上，开动机器进行试播。取中间的6只秧盘，将种子倒出，计算每盘的种子量。调节落种阀，使早稻每盘播种量在干种子120～125克（湿种子150.0～162.5克）；杂交晚稻干种子60～80克/盘，常规晚粳稻干种子90～100克/盘。调节好每盘播种量后，即可正式播种。先放上基质，每盘基质厚度在2.0～2.2厘米，浇水，使基质湿透但盘底不能滴水；播种，再覆盖0.5～0.6厘米的基质，使种子不露出（图1-4）。

图1-4　流水线播种

5.正确叠盘　将流水线播种后的秧盘，叠盘堆放，每20～25盘一叠，盘与盘之间正对着叠，不要交叉叠放（图1-5）。在每一叠的最上面放置一张只装土而没播种的秧盘，或是空盘、木板等，起到覆盖保湿作用。有条件的可以购买新模式配套的机插秧专用设备，如叠盘专用秧盘、摆放秧盘的托盘和运送托盘的叉车等设备，实现水稻产业"机器换人"，提高劳动生产率，降低成本，提升水稻机插育秧现代化水平（图1-6）。

图1-5　播种叠盘

图1-6　叠盘后运送到温室

6.适温高湿出苗　播种叠盘后的秧盘尽量放置在能控温控湿的温室内，温度控制在30～32℃（不能超过33℃），湿度控制在90%以上。若无标准出苗温室，也可放在大棚内叠盘出苗，单季稻或连作晚稻还可以放置在室内叠盘出苗，但要放置在10～15厘米高的架子上或是托盘上，不要让秧盘直接接触地面，尽量保持上下温度一致（图1-7、图1-8）。在叠好的秧盘最外层，覆盖无纺布、棉毯等材料，保温保湿（图1-9）。叠盘放置48～72小时，待种芽立针（芽长1厘米左右）后，即可运送到用秧户（N个点）进行后续田间育秧。早稻摆放在塑料大棚内或小拱棚内保温育秧；单季稻和连作晚稻可以直接摆放在做好畦的育秧田秧板上育秧，连作晚稻需做好遮阴，有条件的可放入防虫网大棚内育秧，防止苗期虫害和病毒病，也可放入连栋大棚中育秧，但一定要注意防止温度过高而造成烧苗（图1-10）。

图1-7　温室内叠盘

图1-8　连栋大棚内叠盘出苗

图1-9　覆盖和喷水保湿

图1-10　秧苗出土

7.科学管理秧田　做好温度、水分、肥料调控，防止温度过高、水分过多造成秧苗徒长。大棚育秧如早晚叶尖吐水水珠小（或少）、中午新叶卷曲、盘土发白，要在早晨浇水，一次浇足。在大棚内育秧，要特别注意防止高温烧苗。秧田育秧以灌平沟水为主（水不能上盘面），保持秧板湿润通气。在正常情况下，保持盘面（床面）湿润不发白，若晴天中午秧苗出现卷叶要灌薄水护苗（机插秧水不能上盘面），防止秧苗青枯。雨天应放干秧沟水，忌长期深水灌溉造成烂根烂秧（图1-11至图1-14）。

图1-11　连栋大棚内育苗

图1-12　秧田育苗

图1-13　连栋大棚生长情况

图1-14　秧田生长情况

　　8.适龄移栽　根据前茬及农事安排,适龄移栽,以免因为秧龄延长而导致秧苗素质下降。单季晚稻3.0~3.5叶移栽,秧龄15天左右,早稻秧龄不要超过25天,连作晚稻秧龄20天左右。做到播种量高的秧龄要短,秧龄长的要降低播种量。移栽前3~5天可选用对口药剂带药下田,控制大田前期灰飞虱、白背飞虱危害,减少水稻病毒病的侵染。对稻瘟病感病品种,移栽前可选用三环唑带药下田。

水稻"两壮两高"栽培技术模式

一、模式概况

水稻"两壮两高"栽培技术指以培育壮苗为基础、以壮秆大穗为主攻方向、以适宜苗穗数量来构建高光效群体、以肥水促控挖掘个体生长潜能、以足穗大穗来获取更高颖花量、以粗壮茎秆为物质支撑来获得更高的结实率和千粒重的一种水稻栽培技术。"两壮"即壮苗、壮秆,"两高"即更高的群体总颖花量(亩有效穗数、每穗总粒数)、更高的籽粒充实度(结实率、千粒重)。该技术模式在浙江省江山市泉塘植保专业合作社等地试验示范。

二、主要优势

利用"两壮两高"技术,可充分发挥水稻品种高产潜力,促进"藏粮于技",确保粮食生产稳定。

三、技术要点

1.因地制宜选品种 根据当地生态条件和对品种生育特性的要求,因地制宜科学选用大穗型品种:浙江省杂交晚稻可选用甬优等品种;常规粳稻可选用秀水134、嘉67、浙粳99等品种;早稻可选用中早39、中嘉早17等品种。

2.基质叠盘育壮苗 机插水稻基质叠盘育苗,是在结合软盘育秧和工厂化育秧的基础上创新的一种育秧模式,其主要过程包括由育秧中心完成育秧床土或基质准备、种子浸种消毒、催芽处理、流水线播种、温室或大棚内叠盘、保温保湿出苗等（图2-1）。其中，需要注意的是：①播种后的秧盘每叠25～30盘，最上面摆放一张装土但不播种的秧盘，整齐摆放在温室内，保持温度30～32℃、相对湿度90%以上2～2.5天，待种子出苗立针后直接移入秧田或大棚苗床育秧；②播种量要与栽插秧龄配套，播种量高的要缩短秧龄，秧龄长的要降低播种量。如机插栽培在3.5叶前移栽，早稻秧龄20～25天，每盘120克（干种子，下同）；单季杂交稻秧龄12～16天，每盘50～70克。

图2-1　培育壮秧

3.稀植早发促壮秆　根据目标产量、适宜穗数和秧苗素质等确定合理基本苗，实行宽行、少本、稀植、足苗（图2-2），促进壮苗早发（图2-3），播后40天内够苗，为中后期群体通风透光、强根壮秆、形成高光效群体奠定基础。早稻机插在4月中旬移栽，规格30厘米×（11.3～12）厘米或25厘米×14厘米，基本苗6万～8万，用种量3～4千克；移栽推迟的，每亩基本苗增加到8万～12万。单季杂交晚稻行距30厘米以上，株距20厘米以上，每亩栽插

0.8万～1.1万。手插每丛1～2本，基本苗1.1万～1.6万；机插每丛2～3本，基本苗2.2万～2.8万。手插每亩用种量0.4～0.8千克，机插或直播每亩0.8～1千克。单季常规粳稻直播或机插用种量2～2.7千克，基本苗4.5万～6.5万。机插规格30厘米×（14～18）厘米，穴直播规格30厘米×（14～18）厘米或25厘米×（16～20）厘米。

图2-2 稀植足苗

图2-3 壮苗早发

4.三沟配套调水气　整理田块时在田块中开"田"或"中"字形沟，沟宽约40厘米、沟深20～25厘米，加深田外排水沟渠，做到三沟配套（图2-4），排灌顺畅，以利于调节水气，使地上部分与地下部分协调生长，促进壮苗早发、壮秆大穗。移栽前大田沟内灌满水，畦面无水层或薄水层，以利小苗浅插或摆栽，提高移栽质量；秧苗栽插后2～3天内，保持薄水层护苗。在有效分蘖期浅水灌溉与露田交替进行，确保田间湿润通气，以利于促进根系生长。在够苗期，要及时加深丰产沟，排水搁田（图2-5）。一般在播种后40天左右开始搁田。搁田多次进行，由轻到重，单季晚稻搁田20天左右达到田土均匀硬实、田面不陷脚、开细裂缝，群体叶色褪淡落黄，无效分蘖得到控制。对于排水不畅的田块，到达倒3叶露尖之前仍需要继续实行轻度搁田。在拔节、孕穗和灌浆几个时期进行干湿交替灌溉；在成熟期前7天左右断水，防止断水过早而引起早衰。

图2-4　三沟配套　　　　　　　图2-5　够苗前搁田

5.巧施穗肥保大穗　根据目标产量、土壤供氮能力（基础产量），按斯坦福差值法公式确定氮肥的施用总量，氮、磷、钾配合施肥。一般亩产600千克总施氮量10～12千克；亩产700～800千克，总施氮量15～19千克，其中化肥氮14～17千克。提倡增施硅肥、有机肥，施用缓释肥等新型肥料。在实际生产中，要以"看苗、适时、适量"为原则施用穗肥。一般以化学总氮量的30%～40%用作穗肥，在倒4叶露尖（距始穗38～40天）至倒2叶露尖（距始穗约25天），在群体叶色褪淡落黄（叶色顶4叶＜顶3叶）基础上施用1～2次。群体叶色一直不落黄，则穗肥不施氮肥，在灌浆初期补施少量肥料（图2-6至图2-8）。群体够苗迟、落黄早的田块，促花肥提早倒5叶露尖时施用。一定要避免穗肥施用过多、过迟，导致植株徒长过多消耗可溶性碳水化合物，引起碳氮比失调，增加颖

图2-6　建成高光效群体

图2-7 茎秆粗壮　　　　　　　图2-8 足穗大穗

花退化数量和降低结实率。

　　6.绿色综合防病虫　采用生态、物理和化学手段，综合防治病虫害。生态上，可在田埂上种植香根草或显花作物来引诱害虫或保护天敌，或放赤眼蜂。物理上，安装杀虫灯。化学上，使用性诱剂诱捕害虫，选用高效低毒化学农药适时防治病虫害。浙江省晚稻孕穗到抽穗期常遇阴雨天气，增加了防治穗部病害的难度，需要选用合适药剂，及时防治，提高防效。特别需要注意的是，对籽粒着粒密度大、易发稻曲病的籼粳杂交稻品种，在20%～30%植株零叶枕距时（剑叶与倒2叶叶枕间距持平）第一次用药，6～7天后第二次用药，始穗（5%抽穗）期一定要再次用药。用药时避开上午10时至下午2时扬花时段；用药后遇雨淋刷，及时补打农药。

籼粳杂交稻超千公斤高产高效技术模式

一、模式概况

利用籼粳杂交稻的优势，通过"两壮两高"等技术来获得水稻亩产超千公斤的技术模式。该技术模式在浙江省江山市泉塘植保专业合作社、玉环市城关农场、台州振华农业承包有限公司等地试验示范，成效显著。

二、主要优势

通过科学的栽培方法充分发挥水稻的高产潜力，对水稻高产技术理论的形成及指导面上水稻生产具有重要作用，是"藏粮于技"的具体体现，对粮食稳产意义重大。

三、技术要点

1.选用大穗品种　选择大穗型籼粳杂交稻水稻品种，如甬优等。

2.田块整理　12月将冬闲田深耕，翻耕深度25～30厘米，耕作后田块保持排水通畅，通过冬耕晒垡措施改良土壤结构。移栽前每亩施入马粪1 000千克，施肥后要求精耕轻耙至田面平整，上糊下实，无杂草。同时大田开好围沟和畦沟，围沟离田边1.5米，围沟宽30厘米、深25厘米，以提高田块利用率。

3.早播早栽　5月中上旬播种，采用旱育秧技术；每亩大田用种量0.45千克，播前种子用402间歇浸种消毒2天，再沥干水用

35%丁硫克百威拌种剂拌种，接下来播种→塌谷→盖种（苗床要浇透水），盖种后选用36%"水旱灵"乳油，每10毫升兑水5千克防除60平方米床面杂草，保湿出苗。每亩大田需要苗床面积8平方米，施用水稻壮秧营养剂0.75千克。叶龄2～3叶、秧龄12～15天时进行移栽，做到小苗早栽、宽行窄株、单本稀植。移栽规格30厘米×20厘米，每亩插1.1万丛左右，每丛栽插1棵种子苗，围沟、畦沟配套（图3-1）。

图3-1 采用旱育秧技术培育壮秧

4.**水分管理** 无水插秧，插秧后浅水返青，插后第4～6天排水晾田3天，返青施肥后，分蘖前期浅湿灌溉促分蘖，有效分蘖后期干湿交替，在播后40天，当每亩茎蘖数达到12万～13万时清沟搁田，沟深20厘米以上，连续搁田10～15天，搁田应达到"脚不陷田、土不发白、叶色转淡、白根露面"的标准。而后实行间歇灌溉，湿3天、干4天，7天一轮回至孕穗，孕穗-抽穗期间保持浅水层，促进抽穗快而整齐。灌浆期间歇灌溉，湿3天、干7天，10天一轮回，做到干湿交替，在收割前1周灌一次跑马水（图3-2、图3-3）。

图3-2　浅水插秧

图3-3　排水搁田

5.肥料管理　移栽前一天亩施用释放周期为90天的缓释肥（28∶6∶6）40千克，加碳酸氢铵20千克、过磷酸钙25千克作基肥，插后5天左右，亩施分蘖肥尿素5千克和氯化钾20千克，倒3叶抽出时，亩施穗肥尿素7.5千克和氯化钾20千克，第二次翻耕前每亩施用生石灰50千克调酸。

6.病虫草害防治　采用病虫绿色防控技术，在田埂上种植香根草、显花作物，释放赤眼蜂，放置性诱剂等绿色防控技术。同时按照水稻病虫情报和田间实际情况酌情施用化学药剂，重点做好稻纵卷叶螟、螟虫、稻飞虱、黑条矮缩病、纹枯病、稻瘟病、稻曲病的防治。特别要做好稻曲病的防治，分别于水稻破口前15天、破口前7天、破口时、齐穗期酌情选用拿敌稳、异唑稻瘟灵（富米乐）、爱苗等对口农药酌情防治。草害控制以化学除草为主，在大田翻耕前7天（无水条件下），亩用10%草甘膦1.5千克兑水50千克喷施，插秧后1周内亩用35%丁苄可湿性粉剂80克拌细泥20千克均匀撒施（图3-4）。

图3-4　病虫防治

7.**适时收获**　当灌浆完全、谷粒饱满转黄时收割（图3-5）。

图3-5　适时收获

常规粳稻绿色高产高效生产技术模式

一、模式概况

围绕"插足秧促早发、争足穗攻大穗、努力提高充实度"这一技术路线，应用水稻"两壮两高"栽培技术、流水线盲籽谷基质叠盘暗出苗育秧、新型肥料控释肥施用、开深沟重搁田、绿色防控融合等配套技术，集成绿色高效与机器换人配套技术，形成常规晚粳稻亩产超750千克绿色高产高效技术。该技术模式在浙北嘉善县西塘镇红菱农机专业合作社、海宁市海昌街道和佳美家庭农场、德清新安镇鑫禾粮油专业合作社等地试验示范，成效明显。

二、主要优势

通过科学的栽培方法充分发挥常规粳稻的高产潜力和品质较优的特性，利用新型肥料、绿色防控、农机农艺融合等配套栽培技术，提高水稻生产水平，保障稻米优质安全。

三、技术要点

1.目标产量及穗粒构成　根据当地实际选择适宜品种。浙江省选择嘉67、秀水14等高产优质晚粳稻品种，争取每亩有效穗达到24万～25万，每穗粒数140粒，结实率90%以上，千粒重26.5克左右，实收产量争取达到800千克左右。

2.生育进程设计　5月20日左右播种，秧苗叶龄2.9叶左右移栽，秧龄18天。齐穗期9月12日左右，成熟期11月15日左右。

3.**种植方式** 机插秧，秧盘规格60厘米×25厘米，亩用种量2.7千克，每亩秧盘数20盘，采用机插秧自动流水线基质育秧，机插规格25厘米×16厘米，丛插2～3本。

4.**叠盘育秧** 5月中下旬播种。选用谷粒饱满、均匀、无病虫优质种子，浸种前2～3天晒种2～3小时，筛去秕谷、杂质后的种子用使百克2 000倍液或劲护1 000倍液浸种36小时，清水淘洗干净沥干后播种流水线播种，每亩大田用优质种子2.5千克，钵形毯状秧秧盘25张，中锦牌水稻育秧全基质25升，每盘播种量80～100克。采用叠盘集中出苗，每叠20～25盘，整齐摆放在可控温的温室大棚内1.5～2天，待种子出苗立针后直接移入苗床育秧（图4-1）。移栽前2～3天施起身肥。

图4-1　叠盘出苗

5.**田块选择** 地势高爽，排灌方便，土壤基础肥力较好。

6.**合理施肥** 每亩化学肥料折合纯N 22千克、P_2O_5 5.75千克、K_2O 13.35千克，化学氮肥的比例基肥：蘖肥：穗肥＝67%：21%：12%。在一次耕耙后第二次耕耙前，基肥亩施羊粪750千克，缓控肥（22-8-12）40千克，脲胺（30%）20千克；插后17天追施蘖肥，亩施尿素10千克，氯化钾10千克、插后61天追施穗肥，亩施复合肥（15-15-15）17千克；灌浆期根外追肥2次（图4-2）。

图4-2　机械施肥

7.**水分管理**　插后2天内薄水护苗，之后露田与浅水灌溉交替，促进扎根与分蘖。田中间和四周开"中"字形沟，中间沟宽50厘米、沟深30厘米，四周的沟离田埂1米左右。播种后40天左右开始搁田，搁田先轻后重，到7月中旬搁田20天左右达到田面不陷脚，群体叶色褪淡落黄。田中开裂不超过0.5厘米，田边不超过1厘米，以防拉断根系。搁田后复水，灌3～4厘米深的水层，自然落干，待丰产沟沟底无水层时，再灌水，自然落干，如此周而复始、干湿交替，直到成熟。

8.**除草**　稻田翻耕平整后，灌水至不露田面，移栽前2～3天内每亩用60%丁草胺乳油（农思它）100毫升；移栽后7天左右，每亩用稻悠拌肥均匀撒施，施药时灌水至不露田面，并保水5天。田边人工或机械割草（图4-3）。

9.**病虫防治**　一是做好种子处理，种子在浸种前晒种，用药剂浸种，阴干3～4小时后播种，防止恶苗病、干尖线虫病等。二是做好田间病虫防治，第一次防治在插后49天，用NPV生物农药＋

50%烯啶虫胺8克＋24%噻呋酰胺20克防治稻纵卷叶螟、稻飞虱、纹枯病；第二次防治在插后76天，用3%苯甲丙环30克＋6%烯啶吡蚜酮12克＋10%康宽10毫升，防治稻曲病、稻飞虱、稻纵卷叶螟。三是做好绿色防控，在整个基地内布局种植显花作物，综合配套绿色防控设施，做到插种前带药下田（图4-4）。

图4-3 机械割草

图4-4 病虫害防治

双季稻良种良法栽培技术模式

一、模式概况

早稻选用籼稻、晚稻选用籼粳杂交稻，根据光温条件，合理安排茬口，利用科学栽培技术，形成水稻双季亩产超1 200千克的高产高效技术。该技术在浙江省江山市民收粮食专业合作社、瑞安市丰收植保服务专业合作社、武义县周凯彪家庭农场有限公司等地试验示范。

二、主要优势

通过合理的茬口安排、科学的栽培方法，充分利用光温条件，发挥水稻的高产潜力，提高水稻生产水平。

三、技术要点

1.选用适宜的品种　浙江省早稻选用稳产、抗逆性好的品种，如中嘉早17、中早39（图5-1）等，连作晚稻选用生育期适中，丰产性好，抗倒性好的籼粳杂交稻品种甬优1540（图5-2）、甬优538等。

2.适期播种，适时移栽　早稻适期早播早种，在3月中下旬至4月上旬尽早播种，3.5叶左右抢晴暖天气力争早插；连晚的播期应根据早稻的成熟情况，一般在6月中下旬播种，7月中下旬移栽，秧龄控制在35天以内。

3.叠盘育壮秧　采用基质叠盘育秧方式，早稻每盘播种量120克左右，每亩大田用种量3～4千克，每亩用25～30盘（图5-3）；

连作晚稻每盘播种量70克左右，每亩大田用种量1～1.3千克，每亩用15～20盘，将播种后的秧盘每垛叠25～30盘（图5-4）。早稻摆放在温室内，保持温度30～32℃、相对湿度90%以上2～2.5天，待种子出苗立针后再将盘苗移入秧田或大棚苗床育秧（图5-5）；连作晚稻直接摆放在做好畦的育秧田秧板上，做好遮阴及温度、水分、肥料调控（图5-6）。移栽时秧苗秧龄20～25天，叶龄3.1～3.5叶，苗高13～16厘米，第1叶鞘高3厘米内，第3叶叶长8厘米左右。从苗床取秧后尽快小心带土浅栽，尽量减少秧苗损伤，避免栽插过深影响发棵。

图5-1 中早39

图5-2 甬优1540

图5-3 早稻叠盘育苗

图5-4 晚稻叠盘育苗

图5-5　早稻育秧　　　　　　　　　　　图5-6　晚稻育秧

　　4.宽行窄株，合理密植　早稻机插密度为30厘米×（11～12）厘米，每亩丛数1.85万～2.0万，每丛4～5本，每亩基本苗8万～10万。播种偏迟、秧龄偏长的适当增加基本苗；连作晚稻行株距30厘米×（16～18）厘米，每丛插1～2本，每亩基本苗2.0万～2.5万株（图5-7）。移栽时应做到"浅、直、匀、牢"，随拔随插，不插隔夜秧，同时做到下午3时以后插秧，防止败苗发生。

图5-7　机插秧

　　5.施足基肥，巧施穗肥　早稻上氮肥采用"施足基肥促早发、巧施穗肥防早衰"施肥法，并且氮磷钾配套应用。每亩施用N 12千克、P_2O_5 6.75千克、K_2O 7.50千克。具体为：每亩施用耙面肥碳酸氢铵35千克＋尿素7.5千克＋过磷酸钙35千克＋氯化钾8.25千克，5月25日前后施用保花肥15-15-15复合肥17千克左右，齐穗后喷施1%尿素液＋0.2%磷酸二氢钾液2～3次。连作晚稻在做好早稻鲜稻草还田的基础上，每亩施用N 15千克左右（基∶蘖∶穗为5∶3∶2）、P_2O_5 6.8千克、K_2O 9千克，做到氮磷钾配套、平衡施肥（图5-8）。具体为耙面肥碳铵40千克＋过磷酸钙40千克，分蘖肥尿素10～12.5千克＋氯化钾7.5千克，穗肥尿素6.5千克＋氯化钾7.5千克。耙面肥于移栽前1天施用，分蘖肥于移栽后5～7天与除草剂一起施用，穗肥于倒3叶露尖时施用，具体看当时苗色定先后、定轻重。

图5-8 施 肥

6.控水增氧，活根到老 开好进水沟、排水沟及畦沟，使水分排灌自如。早稻秧苗栽插后，灌2～3厘米浅水层护苗，促进返青成活、扎根立苗；返青后间歇灌溉，沟灌与露田交替。灌水时水层以2～3厘米为宜；露田时晴天白天保持满沟水，露出畦面增温，夜间温度低于12℃时灌水保温。做到以水调温、调肥、调气，促进根系生长和分蘖早生快发。遇春寒低温或大风干燥天气，及时灌1～3厘米深的水层保温保湿，防止死苗。大田茎蘖数达到有效穗数的80%～90%时，尽早排干沟水搁田，控制无效分蘖。搁田达到"脚不陷田、土不发白、叶色转淡、白根露面"的标准，促进根系下扎。拔节期至抽穗期，采取间歇灌溉，即沟灌或灌薄水与露田交替，既满足植株较大的水分需求，又使土壤通气促进根系生长。齐穗期至成熟期干干湿湿。收获前5天开始排水，保持稻株青秆黄熟。严防断水过早，以免引起早衰。连作晚稻在活棵分蘖期以浅水为主，适当露田；在够苗前搁田，拔节至成熟期实行湿润灌溉。幼穗分化阶段至抽穗期，以浅灌为主；齐穗至成熟期干干湿湿，以湿为主，直至收获前5天排水。

7.绿色防控，确保高产　采用在田埂上种植香根草、显花作物，释放赤眼蜂，放置性诱剂，安装杀虫灯等生态、物理、化学绿色防控技术，应用低毒高效化学农药和生物农药，做到防治达标，减少化学农药投入。根据水稻病虫预测预报及田间病虫发生情况，早稻要抓好二化螟、稻纵卷叶螟、白背稻虱、黏虫、纹枯病、小球菌核病和稻瘟病等病虫害防治工作。连作晚稻重点防治稻纵卷叶螟、二化螟、三化螟、稻飞虱、纹枯病、稻瘟病和稻曲病。稻曲病在10%～20%植株零叶枕距时（破口前10～13天）、破口前6～7天、抽穗初期酌情施用药剂防治。

早稻早播早栽促早增产技术模式

一、模式概况

早稻早播早栽促早增产技术是指根据当地早春回温情况，在适宜温度条件下尽早播种、提早移栽、提早成熟的技术模式。

二、主要优势

该技术争取了水稻生长的温光资源，在促进早稻提早成熟和增产的同时，为连作晚稻争取了生长季节。

三、技术要点

1.适期早播　浙江省机插栽培在3月17日至4月5日、旱育秧栽培和抛秧栽培在3月下旬，日平均气温≥8℃后尽早播种（图6-1）。直播栽培在4月1—15日，夜间最低气温≥10℃以上时抢晴暖天气尽早播种。如在催芽后播种前遭遇低温天气，可将芽谷与钙镁磷肥按2：1的比例均匀混合，在室内透光和保温性较好的地方堆放，谷堆厚度不超过4厘米，谷堆外盖薄膜保温保湿，每天进行洒水、翻动，堆放6～8天内等待天气好转、气温回升时抛播乳苗。

图6-1　适期早播育苗

2.培育壮秧 机插标准育秧播种量120～125克（芽谷150～160克）/盘，旱育秧100～125克/平方米（芽谷140～180克/平方米），抛秧塑盘育苗50～60克/盘（芽谷70～85克/盘）。每亩大田用种量3～4千克，机插每亩用盘量25～30盘，旱育抛秧60～70盘。加强秧田管理，培育叶蘖同伸壮秧（图6-2）。采用水稻专用育秧基质育秧的机插秧，提倡旱育或半旱育秧，切忌灌水上秧盘。做好秧田管理，防止温度过高水分过多造成秧苗徒长，同时要及时通风炼苗，防止高温烧苗。移栽或抛栽前施好起身肥，并做到带药移栽，一药兼治。

3.小苗早栽 4月8—18日，当秧苗叶龄2.2～3.5叶，苗高10～13厘米时，要高度关注天气预报未来7天的天气趋势，选择冷空气过后的"冷尾暖头"抢连续晴天或温暖天气尽早移栽（图6-3）。早稻移栽宜在4月22日前结束。

图6-2 培育壮秧

图6-3 抢晴移栽

4.开沟做畦 大田早翻耕，移栽前1～2天施好基肥，开沟做畦，整平畦面，待泥土稍沉实后移栽。移栽时沟内灌满水，畦面无水层，以利浅插或抛栽，提高移栽质量。

5.少本足苗 旱育秧栽培行株距为24厘米×14厘米；机插规格30厘米×（11～12）厘米，或25厘米×14厘米，每亩丛数1.8万～2.0万。旱育秧和抛秧栽培每丛3～3.5本，每亩基本苗6.0万～7.0万；机插每丛3.5～4.0本，每亩基本苗6.5万～8.0

万。播种偏迟、秧龄偏长的适当增加基本苗。做到带土浅栽，栽插深度在1.0～1.5厘米，以缩短秧苗缓苗滞长过程，促进秧苗尽早扎根生长。

6.精确施肥 根据水稻品种类型、目标产量和土壤供肥能力确定施肥总量。一般本田每亩施N 10～12千克，P_2O_5 4.0～5千克，K_2O 5～8千克。氮化肥基蘖肥和穗肥的施用比例7：3～9：1。由于移栽时秧苗较小，而大田营养生长期相应延长，因此大田基肥以有机肥为主，减少面肥用量，分蘖肥可在移栽后6～8天一次性施用。穗肥一定要在群体叶色落黄后才能施用，一般在倒3叶龄期施用一次，群体叶色不落黄则不施氮肥（图6-4）。

图6-4　看苗巧施穗肥

7.合理灌水 秧苗栽插后，灌2～3厘米浅水层护苗，促进返青成活、扎根立苗；返青后间歇灌溉，沟灌与露田交替。灌水时水层以2～3厘米为宜；露田时晴天白天保持满沟水，露出畦面增温，夜间温度低于12℃时灌水保温。做到以水调温、调肥、调气，促进根系生长和分蘖早生快发。遇春寒低温或大风干燥天气，及时灌3～5厘米深的水层保温保湿，防止死苗。当大田茎蘖数达到有效穗数的80%～90%时，尽早排干沟水搁田，控制无效分蘖（图6-5）。搁田达到"脚不陷田、土不发白、叶色转淡、白根露面"的标准，促进根系下扎。早稻一般在倒2叶龄期拔节，此时幼穗分化处于颖花分化阶段。因此拔节期至抽穗期，采取间歇灌溉，即沟灌或灌薄水与露田交替，既满足植株较大的水分需求，又使土壤通气，促进根系生长（图6-6）。齐穗期至成熟期干干湿湿。收获前5天开始排水，严防断水过早，以保持稻株青秆黄熟。

图6-5　够苗前及时搁田

图6-6　孕穗期间隙灌溉

　　8.综合防治病虫草害　　由于实行短龄早栽，移栽初期苗体幼小娇嫩，对除草剂比较敏感，所以前期化学除草一定要选用对小苗无伤害的除草剂。根据当地病虫害预报，及时做好病虫害防治。

水稻化肥减量绿色高效技术模式

一、模式概况

在水稻生产中，化肥投入过量、肥料使用效率低、施肥机械化率低是突出的问题。水稻化肥减量绿色高效技术是指通过应用新型缓（控）释肥料，采用机械化深施，从而提高肥料利用率、降低氮肥施用总量、提高施肥机械化率的一种水稻绿色高效施肥技术。该技术模式在浙江省金华市婺城区秀丰家庭农场、诸暨市红旗粮食专业合作、平湖市顺利家庭农场、桐庐里湖粮油专业合作社、杭州及时雨植保防治服务专业合作社、舟山市定海区马岙街道张友权家庭等示范基地试验示范。

二、主要优势

通过水稻化肥减量绿色高效技术，可以使化肥氮使用量减少10%～20%。提高肥料利用率2%～5%，减少肥料流失和挥发带来的面源污染；同时减少施肥次数2～3次，提高施肥的机械化率，减少劳动力成本，该技术对于推进浙江省化肥使用实名制和定额制、推进水稻生产绿色高质量发展意义重大。

三、技术要点

1.选择合适的肥料种类　根据当地水稻生产实际和试验示范结果，选择合适的缓（控）释肥种类。可以选择脲胺替代尿素，也可以选择含N、P、K三要素的缓释肥替代常规化肥。根据土壤磷、钾含量，选择磷、钾含量不同的缓释肥（图7-1）。应选圆形均匀颗粒状的肥料，有利于机械均匀施肥。

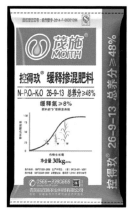

图7-1　肥料种类

2.科学确定施用总量　利用测土配方技术，以产定氮，以氮定磷、钾。因为缓（控）释肥深施养分流失少，释放缓慢，肥料利用率高于常规化肥，氮的总量可以比传统施肥减少10%～20%，一般产量稻田，早稻施氮总量为8～10千克，单季籼稻12千克左右，单季晚粳稻13～14千克，连作晚稻9～11千克。如果稻草全量还田，在施用缓控释肥的同时，要施用5～7.5千克尿素作基肥，防止秸秆分解与稻争氮。

3.采用简化施肥方法　根据土壤肥力、水稻品种和目标产量等情况综合分析，采用"一次性施肥法"或"一基一追施肥法"，比常规水稻施肥减少2～3次，即缓释肥作基肥一次性施用；或基肥一次性施用后，生长期间视土壤肥力、品种、苗情等追施一次以速效肥料为主的分蘖肥或穗肥。

4.采用机械化深施技术　采用机插或直播侧深施肥技术，要求肥料粒径在2～5毫米、圆粒、均匀且不吸潮，利用配套的施肥机械把肥料施在秧苗（种子）侧边3～5厘米、深3～5厘米的土壤中；采用施肥机撒播技术，可以用缓释肥或用缓释肥与速效肥混配，混配肥要求即拌即施，不能吸潮结块，可以在板田施肥后旋耕或稻田旋耕后耙田前施入，使肥料混合在10厘米土层内，以减少流失和挥发，提高肥效（图7-2至图7-5）。

图7-2　追施分蘖肥

图7-3　追施穗肥

图7-4　机插侧深施肥

图7-5　施肥机撒施

水稻农药减量绿色技术模式

一、模式概况

水稻农药减量绿色技术模式主要是指通过采用农业、物理、生态、生物等综合措施，降低水稻虫害发生基数和病害流行风险，抓住关键时期，应用对口高效低毒农药控制病虫害，实现减少农药使用次数和农药使用量的一种水稻病虫害综合防治技术模式。该技术模式在浙江省金华市厚大粮蔬专业合作社、诸暨市沿余家庭农场、舟山市定海江桥农机专业合作社等示范基地试验示范。

二、主要优势

利用该技术，比习惯施药减少1～2次，农药用量减少30%～50%，减轻了农业面源污染，保护了天敌，有利于保护生态环境，修复农田生态系统；同时水稻稳产增产，减少稻米农药残留，提升稻米品质，促进稻作生产优质高效可持续发展。

三、技术要点

1.水稻病虫害系统监测预警 示范区内设立苗情及病虫监测点，同时依靠昆虫性诱智能测报系统和自动虫情测报灯，系统性监测水稻长势及病虫害发生态势，为科学防控提供依据（图8-1）。

图8-1 害虫性诱远程实时监测系统

2.农业防治

（1）选用抗（耐）性品种。选用抗（耐）稻瘟病、白叶枯病、稻飞虱水稻品种。

（2）避免插花种植。单双季稻混栽区提倡集中连片种植，尽量避免插花种植，减少二化螟桥梁田。

（3）翻耕灌水杀蛹。在越冬代螟虫化蛹高峰期（一般在3月下旬至4月中旬）统一翻耕冬闲田、绿肥田，并灌深水浸没稻桩（低茬收割或粉碎稻桩的稻田，也可直接灌深水淹没稻桩）7～10天，降低虫源基数。

（4）健身栽培。做到宽行稀植，增加水稻群体通风透光性，应用"两壮两高"栽培技术，构建高质量群体（图8-2）。控制氮肥使用量，避免重施、偏施、迟施氮肥，增施磷钾肥，提高水稻抗逆性。

图8-2 宽行稀植

3. 生态调控

（1）种植诱虫植物。在稻田机耕路两侧种植诱虫植物香根草，丛间距3~5米，诱集螟虫成虫产卵，减少螟虫在水稻上的着卵量，减少对水稻的危害。

（2）种植显花植物。田埂种植芝麻、大豆或撒种草花等显花植物（图8-3），为天敌提供食料和栖境，保护和提高蜘蛛、黑肩绿盲蝽等捕食性天敌和缨小蜂、赤眼蜂等寄生性天敌的控害能力。

（3）田埂留草。在田埂保留禾本科杂草，为天敌提供栖息地，更好地发挥稻田生态系统的自然控制作用。

图8-3　种植显花植物

4. 理化诱控

（1）物理阻隔育秧。在病毒病流行区，露地育秧在水稻秧苗期，采用20~40目防虫网或无纺布全程覆盖，阻隔白背飞虱、灰飞虱，预防病毒病。有条件的采用温室或大棚育秧。

（2）性诱剂诱捕。从越冬代二化螟成虫羽化始期开始，全程应用二化螟性诱剂诱捕雄性成虫。大面积连片使用，平均每亩1个诱捕器，在稻田四周的田埂边放置诱捕器（图8-4）。诱捕器放置高度为诱捕器底部高于水面50~80厘米。选用持效2个月以上的长效诱芯和干式飞蛾诱捕器，诱芯每隔60天更换一次。

图8-4　性诱剂

5.科学用药　苗期重点做好种子处理、药剂拌种，移栽前带药下田。药剂浸种预防恶苗病和干尖线虫病；播种前药剂拌种防控稻蓟马、白背飞虱和灰飞虱，预防病毒病；带药下田，重点防控大田前期白背飞虱、灰飞虱，预防稻瘟病、细菌性病害等。大田前期尽量不用药，重点抓好水稻倒3叶抽出期和水稻剑叶抽出这两个关键节点的药剂防治。水稻倒3叶抽出期用药主要防治稻纵卷叶螟、纹枯病和稻飞虱等。水稻剑叶抽出时用药，重点预防稻瘟病、稻曲病、纹枯病、白背飞虱、稻飞虱、稻纵卷叶螟、螟虫等。

若遇突发、重发病虫，按照达标防治的原则进行防治（图8-5）。常规晚粳稻要注意稻瘟病的防治，籼粳杂交稻必须抓好稻曲病的防治，沿海稻区应重视基腐病的防治。对二化螟的防治必须注意当地二化螟对农药的抗药性。

防治药剂：防治稻纵卷叶螟选用甘蓝夜蛾核型多角体病毒、四氯虫酰胺、茚虫威、氰氟虫腙、氯虫苯甲酰胺等；防治二化螟选用阿维·氯苯酰、乙多·甲氧虫、阿维·甲虫肼等；防治白背飞虱选用高含量的吡虫啉、噻虫嗪等；防治褐飞虱选用吡蚜酮＋烯啶虫胺、呋虫胺、三氟苯嘧啶等；防治纹枯病选用苯甲·嘧菌酯、肟菌·戊唑醇、噻呋酰胺、噻呋·嘧苷素等；防治稻曲病选用苯甲·丙环唑、肟菌·戊唑醇、戊唑·嘧菌酯、咪铜·氟环唑等；
防治细菌性病害选用噻霉酮、噻唑锌、噻菌铜等。

图8-5　无人机精准防控

大棚稻菜轮作稳粮增效技术模式

一、模式概况

大棚稻菜轮作稳粮增效技术模式是指根据当地温光资源，选择稻菜茬口较易衔接的品种，采用蔬菜与水稻轮作的种植模式，粮经结合，实现一年一稻一菜或隔年轮作水稻的技术模式。

二、主要优势

这种模式改善了土壤环境，减轻了病虫草害；蔬菜用肥量较大，种植水稻可以消化土壤残留肥力，减少化肥用量；提高蔬菜产量和品质，实现稳粮增效、农民增收。既实现了"米袋子""菜篮子"和"钱袋子"的有机结合，又改善了农业生产环境，有利于农业持续健康发展。

三、技术要点

1.茬口安排　主要采用大棚茄子－水稻、大棚生姜－水稻、南瓜－水稻等高效大棚稻菜轮作模式。在大棚蔬菜采收结束后，拆掉大棚门，揭去大棚膜，放水翻耕整田种植水稻（图9-1）。在浙江省稻菜轮作茬口衔接搭配见表9-1。

表9-1 浙江省稻菜轮作茬口衔接

模式	作物	播种时间	栽植时间	收获时间
大棚茄子－水稻	茄子	9月上旬至10月上旬	10月中下旬至11月下旬	12月上中旬至6月
	水稻	5月下旬至6月上旬	6月下旬至7月上旬	10月中旬至11月初
大棚生姜－水稻	生姜	1月提前催芽	2月	5月至7月初
	水稻	6月中旬（直播7月上旬）	7月上旬	11月
大棚南瓜－水稻	南瓜	12月上中旬	1月中旬	2月中旬至6月
	水稻	5月下旬（直播6月中旬）	6月中下旬	11月中下旬

2.品种选择 蔬菜选择适销、优质品种，如茄子可选择浙茄1号、杭茄2010等，南瓜可选择浙蒲6号、越蒲2号等，生姜可选择红爪姜、新丰生姜等。大棚茄子－水稻模式（图9-2），水稻可选择能在10月上中旬成熟收割的甬优15、甬优9号等优质、高产、熟期较早的品种。大棚生姜－水稻模式，水稻直播选特早熟晚粳品种秀水519，移栽的可选择秀水134、宁84、绍粳18、嘉58等品种。大棚南瓜－水稻模式，水稻可选择秀水134、绍粳18、嘉58等晚粳稻品种（图9-3）。

3.合理稀植 因为前茬是蔬菜，土壤肥力较足，直播要适当减少播种量，常规晚粳稻亩播种3千克左右，移栽采取宽行稀植，籼粳杂交稻8 000～10 000丛/亩，常规晚粳稻1.2万～1.4万丛/亩。移栽的提倡选用合适机型插秧机进行机械化栽植。

4.科学施肥 提倡施用有机肥，配施速效化肥。因为前茬蔬菜施肥量较大，种植水稻时要根据前茬作物施肥情况相应减少化肥施用总量，比常规种植水稻减少30%～40%。一般不施基肥，分蘖期施5～10千克尿素和10千克钾肥（若蔬菜施肥量较大也可不施分蘖肥），穗分化期看苗施用 10 ～ 15 千克三元复合肥。

5.**机械收割**　大棚水稻可选用适合大棚的小型水稻收割机进行机械收割（图9-4），如广西开元牌、重庆鑫源牌水稻收割机等，提高劳动效率，节省人工。

图9-1　机械耕地

图9-2　大棚蔬菜（茄子）

图9-3　水稻灌浆结实期

图9-4　水稻收割

"再生稻+鱼"高效生态种养模式

一、模式概况

传统稻田养鱼以稻护鱼，以鱼促稻，将种稻和养鱼有机地结合起来，发挥了水稻和鱼类共生互利的作用，获得稻鱼双丰收。"再生稻+鱼"的技术是在传统稻鱼模式的基础上，通过延长水稻种植和田鱼放养时间，延长稻鱼共生期，提高稻鱼产量的一种高效技术模式。该模式在浙江省青田县彭饶田鱼专业合作社等基地示范。

二、主要优势

"再生稻+鱼"共生能延长稻鱼共生期60～70天，提高稻鱼产量，水稻增加一季再生稻200千克/亩以上，田鱼增加30～50千克/亩，而且可提高田鱼品质。水稻、田鱼的产量与效益明显提高，实现了"千斤粮、百斤鱼、万元钱"。再生稻鱼共生平均稻谷产量700千克/亩、田鱼产量140千克/亩，平均年亩产值11 200元，净收入6 000元。与单作水稻相比，免用除草剂，少打农药2～3次，减少农药40%～60%，减少化肥30%～50%，经济和生态效益明显。

三、技术要点

1.茬口安排　低海拔（400米以下）山区稻田，可将再生稻与田鱼共养。再生稻的头季于3月20日左右播种，4月20日左右移栽，

8月中旬收割头季稻，11月上旬收割再生季稻。田鱼在水稻移栽后1周左右放养，田鱼收捕可根据田鱼上市要求，捕大留小。可捕获两次，第一次在头季收割前，第二次在再生季收割后（表10-1）。

表10-1　"再生稻+鱼"模式茬口安排

种类	播种（放苗）期	收捕期
再生稻	3月20日播种	头季8月中旬、再生季11月上旬收割
田鱼	4月下旬至6月上旬放鱼苗	9月下旬至10月下旬捕大留小续养

2.再生稻技术

（1）品种选择。选择优质、抗倒伏、再生能力强、稳产、适宜稻鱼共生的杂交稻品种，如中浙优8号、准两优608等。

（2）适时早播。水稻头季于3月20日前播种，8月15日前收割，要求再生稻9月15日前安全齐穗。

（3）头季稻栽培技术。采用旱育秧或塑盘育秧，人工小苗稀植为好。大田以施有机肥为主，控制氮肥。适当控制水稻种植密度，采用壮个体、小群体的栽培方法，一般插0.7万～0.9万丛/亩，密度30厘米×25厘米（图10-1）。头季稻强壮，根系发达，再生能力强。

图10-1　头季稻移栽

（4）掌握收割时期和留桩高度。头季稻95%～98%成熟时进行收割，留桩高度40厘米以上，头季稻带水收割（图10-2）。

图10-2　头季稻收割

（5）施用促芽肥为重点的施肥管理措施。头季稻收割前10天施用促芽肥。

（6）加强病虫测报及防治。再生稻对头季稻依赖性强（图10-3）。头季稻主要受到"二虫二病"危害，即稻飞虱、二化螟、稻瘟病、纹枯病。再生稻主要受三代螟虫、纹枯病和稻飞虱危害，应采取以防为主、综合防治的措施。

图10-3　再生稻

3.田鱼放养技术

（1）田块基础设施。选好田块，田埂加宽、加高、加固；开好进、排水口，搭棚遮阳，为提高水位创造条件。

（2）田鱼苗放养。田鱼下田前10～15天，对大田进行消毒和施肥，用生石灰50～75千克/亩消毒，一次性施足有机肥。冬片鱼种在4月20日左右前投放，大规格夏花鱼苗在5月底至6月上旬投放。投放鱼苗前对鱼苗消毒。一般投放冬片田鱼苗300～500尾/亩，在5月底，再套养大规格夏花田鱼800～1 000尾/亩，为第二年培育好冬片鱼种（图10-4）。

（3）科学投饲。投喂配合饲料，饲料比在1：2.8左右，定时、定点投喂。

（4）田鱼稻田的管理。坚持勤巡田，注意鱼病预防，水稻防病治虫。

（5）收获贮塘上市。10～12月可收获0.4～0.5千克的成鱼贮塘，随时上市。头季稻带水割稻，捕成鱼上市，留小鱼续养。

图10-4 再生稻和鱼

"早稻 + 青虾 + 泥鳅 + 沙塘鳢" 生态种养模式

一、模式情况

"早稻 + 青虾 + 泥鳅 + 沙塘鳢"生态种养模式是指在同一田块中种植早稻,养殖青虾、泥鳅和沙塘鳢,通过合理的茬口安排、种养密度设计、饲料和化肥农药施用等配套种养技术的应用,实现种植农作物和养殖水产品的协同增效。该技术模式在浙江省绍兴富盛青虾专业合作社等地试验示范。

二、主要优势

该模式通过种植早稻,由早稻吸收水产品排泄物作肥料,净化水质,提高水产品质量;养殖青虾可耕地除草,吸食稻田害虫,减少水稻虫害;泥鳅能钻地松土,在稻田中起到除草造肥、除虫、增加水体溶解氧的作用;沙塘鳢可食小虾,从而提高青虾的商品性。该模式农田"一种三养、全年四收",每亩产值10 752.96元,产稻谷531.20千克,净利润达到5 457.96元,比水稻单作效益增加2倍以上,同时化肥、农药、饲料、鱼药用量明显减少,稻米和水产品质量提升,起到了稳粮增效、改善稻田生态环境、确保农产品质量安全的作用,经济、社会和生态效益显著。

三、技术要点

1. 田块选择　选择的田块要求符合以下条件：水源清新无污染、阳光充足、水量充沛、排灌方便、地势平坦、土壤肥沃、有机质含量丰富、电力设施齐全，环境条件符合国家有关规定。

2. 田块改造　以5～10亩为适宜的田块单元，四周挖宽1.5～2米、深50厘米的环沟，沟成"串"字形。挖起的泥用来筑坝，使田块可蓄水深50厘米以上，同时设计好进排水管（用PVC水管）。田间道路主路在"串"字形布局的田块中间，宽2.5米左右，收割机、拖拉机等农机能进出。田块间的田埂比普通种稻的要加高、加宽；要求高度50厘米，底宽50厘米，顶宽40厘米。水稻田四周的堤埂必须牢固，堤埂上插上入土20厘米、高1米的网片作为防逃墙，在进、排水口设2道防逃网（进水管60～80目、排水管20～40目）；防逃网外侧用聚乙烯网，内侧用金属网，防止虾、鳅、鳢外逃和被盗。同时按每亩0.15千瓦配置增氧机（图11-1）。

图11-1　稻田改造

3.早稻种植

（1）播种。早稻采用直播的方式，选择抗性好、耐肥、高产的中迟熟品种，如中早39等。播种期主要根据气候条件而定，在最低温度超过12℃时，抢晴播种；一般直播田在4月10日前后播种为宜，播种量为5～6千克/亩。播种前要晒种1天，用25%咪鲜胺乳油3 000倍液浸足72小时。然后再催芽，当芽谷的根长一粒谷、芽长半粒谷时即可播种（图11-2）。

图11-2　早稻播种

（2）施肥。在3叶期施尿素5千克/亩；20天后再施尿素5千克/亩，以后不再施肥。

（3）水分管理。在水稻3叶期前禁止灌水上秧板；3叶期时灌水上板（结合施用除草剂），做到湿润灌溉、注重搁田。7月10日左右进行搁田。搁田期间排干环沟底部积水，对环沟进行3～4小时暴晒，为其后的鳅、虾混养提供良好的塘底环境。随后，立即灌水入沟。

（4）治虫。早稻主要病虫为二化螟，以性诱剂防治；或每亩用10毫升康宽（氯虫苯甲酰胺），兑水用喷雾机进行喷撒。

（5）收割。7月下旬至8月初收割早稻，机械化收割，且尽量齐泥收割，并将秸秆清理干净（图11-3）。

图11-3 水稻收割

4.水产养殖

（1）泥鳅放养。在5月15日左右放泥鳅苗，放养数量为每尾长约3厘米泥鳅苗5万尾/亩。

（2）青虾放养。早稻收割后清除沟中的野杂鱼，让稻田暴晒1～2天后灌水入田，使水位保持0.2～0.3米，促使稻桩腐烂，并及时清除漂浮在水面的杂草；在8月15日左右放养青虾，数量3万～5万尾/亩，在晚上或上午8时以前放养。

（3）沙塘鳢放养。青虾放养10天后放养沙塘鳢，规格为每尾长5厘米，数量为每亩2 000尾。

（4）投喂管理。

①青虾养殖。在虾苗放入7天后开始投喂青虾配合饲料，在下午4时投喂一次，随着青虾食量增加，虾苗放入30天后，上午、下午各投喂一次，上午投喂30%，下午投喂70%，天气不好不宜投喂，投喂数量以2小时内吃完为宜。

②泥鳅和沙塘鳢养殖。泥鳅放养后就能入田觅食，摄食稻田中富有的植物碎屑、昆虫、水草嫩叶以及水体中的藻类、浮游动物。后期沙塘鳢和泥鳅也不必单独投料，与青虾混养时，摄食青虾饲料碎屑、残饵，要适当增加饲料的数量，一般增加30%。

（5）日常管理。

①水质调节。在环沟内适量种植水花生或空心菜，透明度控制在20～30厘米。前期以加水补充为主，进入9月增加换水次数。换水时先排底层陈水，再加注新水，每次换水量控制在20%以内。

②病害防控。养殖期间每月用聚维酮碘0.5千克/公顷消毒2次，用伊维菌素300毫升/公顷杀虫1次。

（6）捕捞。9月底，当青虾达到商品规格时，即可虾、鳅同时起捕，采用网眼1.5厘米的地笼，捕大留小。第二茬青虾，则在翌年4月上旬至5月初早稻机插前，干塘起捕。沙塘鳢由于放养迟，到10月还未到达商品规格，捕获后集中放养，直到春节出售。

旱粮篇 | HANLIANGPIAN

马铃薯大棚基质覆盖栽培多次收获技术模式

一、模式概况

马铃薯大棚基质覆盖栽培多次收获技术是指在大棚内，利用防虫网（或无纺布）、育秧基质、双色地膜等材料进行隔离和覆盖，实现多次收获的马铃薯新型栽培技术。在大棚内种植主要是考虑到保温防雨，便于田间操作；防虫网或无纺布起到隔离土壤、分离根系和匍匐茎的作用，使马铃薯在防虫网或无纺布上结薯，便于采收；育秧基质主要起到保水作用，促进马铃薯出苗与根系下扎；双色地膜主要起到隔离光线作用，防止青皮薯和抑制杂草。该模式在浙江省莲都区协军家庭农场等地试验示范。

二、主要优势

与传统种植技术相比，该技术虽然增加了防虫网（无纺布）、基质、双色地膜等成本，但也具备很多优点：一是大棚适播期长，播种期可从9月中旬至翌年2月中旬，收获期从11月底至翌年5月中旬，有利于实现错季栽培，占领市场空档；二是简化了播种和收获环节，操作简单，大大降低了劳动强度，还可及时观察薯块生长情况并根据市场行情实行多次收获，有利于提高经济效益；三是该技术宜在大棚内使用，结合马铃薯适播期长的特点，可充分利用水稻育秧大棚空闲期种植马铃薯，提高育秧大棚的利用率；四是用来覆盖马铃薯的育秧基质也可用商品有机肥或食用菌废渣代替，提高农业废弃物利用率，一举多得。

三、技术要点

1.**施肥整地**　采用微耕机等将土壤翻耕、耙细，在翻耕时每亩施入高浓度复合肥50～75千克，整成1.2米宽畦，有条件的可在畦面上铺设1～2根滴管，方便日后补充肥水。

2.**铺网、摆种、盖基质和双色膜**　将与畦同宽的60目左右的防虫网（或30～40克/平方米的无纺布）铺在畦面上，按行距50厘米、株距15～20厘米将在防虫网（无纺布）上摆放2行种薯，种薯宜选用芽长0.5～2厘米、8～15克/个的小整薯，然后用湿润的蔬菜育秧基质或食用菌渣或商品有机肥按播种行覆盖在种薯上成基质带，也可先铺设基质带，后在基质带上播种薯（图12-1）；最后用幅宽1.2米左右的双色地膜盖好（图12-2）。

图12-1　铺网、摆种、盖基质

图12-2　盖双色膜

3.**出苗及管理** 播后等苗明显顶膜时分批破膜引苗，尽量使引苗孔最小，以防透光产生青皮薯（图12-3）。一般出苗后不再施肥，如果铺有滴管，在需要时可补充肥水。如果是10月底至12月底播种的越冬栽培，则要注意做好防冻工作，必要时可加膜保温。

图12-3 出 苗

4.**收获** 出苗1个半月左右，一般即有薯块形成，可经常揭起地膜边缘查看薯块大小，待薯块长到鸽蛋大小时视市场行情挑选大薯收获上市，小薯继续保留，收获后盖好地膜边缘（图12-4）。4月底以后，每次采收宜在傍晚或阴天进行，有条件的可适当补水或遮阴1天。如此反复可实现多次收获而不影响植株生长，直到植株自然老化。

图12-4 收 获

马铃薯全程机械化生产技术模式

一、模式概况

马铃薯全程机械化生产是指耕整地、起垄、施肥、播种、覆膜、植保、杀秧和收获环节全部机械化的技术。浙江省引进了山东省青岛洪株马铃薯全程机械化成套设备，在湖州市南浔区善琏镇等地试验示范。

二、主要优势

不仅可实现低成本与高效率，而且还可提高各项农艺作业指标，有利于促进稳粮增效和农民增收。同时，马铃薯机械化生产还可减少农药和化学除草剂使用，有利于保护生态环境，提高马铃薯品质和质量安全水平。

三、技术要点

1.品种选择　选用适合浙江省的早熟高产抗病性好的马铃薯品种。

2.茬口安排　12月下旬至翌年2月初播种，4月底至5月中下旬收获。

3.马铃薯全程机械化技术

（1）机耕。12月上旬水稻收割后要马上进行深翻，并开边沟和十字沟，利用冬季低温冻晒，经过冻晒的土壤病虫害少，拖拉机旋耕后颗粒小，便于在翌年1月马铃薯机械化作业，有利于马铃薯生长。

（2）机播。马铃薯切块应在播种当天或前一天进行，每块重30克左右，至少要带一个芽眼。每百斤晾干薯种块用滑石粉500克和代森锰锌75克拌种。开沟、下肥、下药、播种、起垄、覆膜等工序采用马铃薯专用播种机可一次完成，一台机械一天可播20亩左右（图13-1）。亩用种4 800块左右，播种时同步亩用三元复合肥100千克、辛硫磷颗粒剂3 000克。

（3）机培土。播后30～40天，见大部分薯芽快出土前，晴天沟干时，用开沟培土机，将沟土覆盖垄面2～3厘米厚，马铃薯会顶破膜自动出苗。这种方式特点：不烧苗、省工、保墒。

（4）病虫害统防统治。马铃薯主要病虫有早、晚疫病及蚜虫，以预防为主。在现蕾前期选用保护型药剂防护，后期采用内吸性药剂治疗，一般间隔10天左右喷一次，共喷3次左右。

（5）机收。

①机械割青。马铃薯割青机割青打碎，作为绿肥还田（图13-2）。

②机收。采用专用马铃薯机械收获（图13-3）。

图13-1　机械化播种

图13-2　杀　青

图13-3　机械化收获

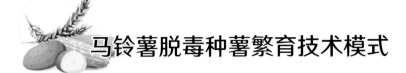

马铃薯脱毒种薯繁育技术模式

一、模式概况

马铃薯脱毒种薯繁育通过脱毒试管苗繁育和原原种（微型薯）生产技术、脱毒良种的设施高效繁育技术；繁育供浙江省冬（春）播、秋播和设施反季节种植用种的脱毒良种。该技术在浙江省兰溪市福阳家庭农场等地试验示范。

二、主要优势

由于马铃薯是以营养器官繁育的作物，品种感病毒病退化比较严重。脱毒种薯病害明显减轻，产量显著增加，该技术繁育的脱毒良种亩用种成本不高于北方调入种薯价格，实现了脱毒良种繁育有效益、农户用种成本不增加、种薯质量有保障。填补了浙江省马铃薯繁种的空白，摆脱对北方种薯的依赖。

三、技术要点

1.脱毒试管苗繁育及微型薯（原原种）生产

（1）脱毒试管苗繁育与移栽。9月初用生长良好的无琼脂液体培养瓶苗，清水漂洗3次后，按25厘米×25厘米移栽基质（85%蛭石＋15%进口泥炭或其他经过100℃以上高温处理的基质）。用于扦插扩繁和生产微型薯（图14-1、图14-2）。

图14-1　脱毒试管苗

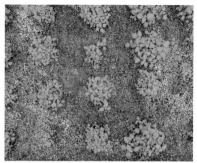

图14-2　瓶苗移栽繁育微型薯

（2）扦插扩繁与微型薯生产。移栽20天后，可采顶苗扩繁，按5～8厘米的间距扦插，密度5万～8万株/亩，7～10天发根，以后每15天可采苗1次，平均每丛（1瓶苗）每次可采苗15株（图14-3）。扦插成活后的苗在30天左右也可作为母苗剪苗扦插，来不断扩大基础苗群体数量。

图14-3　扦插苗

（3）微型薯生产和储藏模式。微型薯生产应在大棚或温室内进行，用全基质苗床槽或穴盘立架栽培。9月至翌年6月，约9个月时间，可安排3～4茬，每茬2个月左右，后茬可在前茬收获前剪顶苗扦插，冬季适当保温。一般单株结薯2～4个。亩产微型薯10万～20万粒。单株结薯个数与温度相关，冬季低温期单株结薯少，春、秋季结薯较多。效果最好的时期：9月中旬扦插，11月上旬采收，或3月底扦插，5月底采收。夏季（7～8月）利用高温+二氧化氯对基质消毒。每批微型薯收获后应标注时间，根据品种不同，休眠期3～4个月不等，可根据后续繁种季节安排，选择自然存放或冷库储藏，1～3℃可长期储藏，冷藏过4个月后，可随时取出，室温下半个月左右开始萌芽。

2.利用微型薯生产脱毒二代小种薯生产

（1）利用马铃薯大棚基质覆盖栽培多次收获技术生产二代小种薯（图14-4）。

图14-4　种薯收获

（2）利用过发芽薯块大田繁育。利用收获5～6个月及以上的微型薯，自然漫射光下练芽15～30天，播种前用5～10毫克/千克"920"均匀喷雾种薯，大田浅播，覆土厚度2～3厘米，播种密度6 000～8 000株/亩，其他同常规生产，注意防治蚜虫。适宜播种区域和时期：在平原地区，2月初播种，5月上中旬收获，收获后需要冷藏；在海拔300～600米的半山区，3月底至4月初播种，6月中旬至7月初收获，收获后需要冷藏；在海拔600～1 000米的高山区，5月底至6月底播种，8月初至9月上旬收获，自然存放到播种前。

甘薯脱毒微型薯生产及育苗技术模式

一、模式概况

利用高温处理、茎尖组织培养等方法，脱除甘薯所感染的病毒，在超净无菌的条件下培养不带病菌的植株，建立"试管苗—基质扩繁-微型薯—大棚育苗—采苗圃"的甘薯脱毒良种繁育技术，快速繁育和生产出无病毒的种苗、种薯应用于大田生产。该技术在浙江省诸暨枫桥、桐庐分水、淳安大墅、遂昌城东、衢江太有农场、乐清石帆、宁海茶院、临安区顶胜家庭农场等地试验示范。

二、主要优势

利用该技术，春季移栽1株试管苗，可在年底收获9 000条脱毒微型薯。翌年3～6月，以此微型薯育苗，可栽大田60～90亩。该技术构建了甘薯脱毒良种繁育体系，有助于解决甘薯因病毒侵染种性退化、单产降低、品质下降的问题，同时实现薯类轻简化、集约化、规模化生产。

三、技术要点

1.脱毒苗的制备　甘薯收获后，选取具有品种典型性状的种薯发出的薯苗，用茎尖剥离法获得脱毒试管苗，分株系病毒鉴定扩繁无病毒株系（图15-1）。

图15-1 脱毒试管苗

2.脱毒微型薯工厂化生产 春季移栽1株试管苗，在全基质隔离保护设施内以2叶节扦插方式扩繁，每月可扩繁6～8倍，到秋季可扩繁3 000株，9月在基质床内高密度（2万～3万株/亩）定植带顶大苗，可在年底收获9 000条脱毒微型薯。

3月上旬脱毒试管苗清水洗去培养液，在大棚基质槽中按12厘米×12厘米的株行距定植，浇足水分，保温保湿。扩繁基质槽基肥为氮磷钾复合肥（15-15-15），每亩施用30千克。

5月上旬待苗长至45厘米以上时，以每株2叶节剪取扩繁苗，并保留母株2～3个节位，在大棚基质槽中，按15厘米×15厘米的株行距定植扩繁（图15-2）。剪苗后母苗床追复合肥每亩15千克。

图15-2 脱毒苗扩繁

之后30～35天扩繁一次，分4次扩繁，至9月中下旬，最后一次剪取每茎段包含5～7张完整功能叶作生产苗。

生产苗在大棚基质槽按13厘米×13厘米的株行距定植，微型薯生产基质槽施用氮磷钾（12-15-20）高钾复合肥（K/N≥1.5）每亩40千克。

薯苗生长中后期适当控制水分，防止藤蔓徒长。12月上中旬，生育期80天左右即可采收，一般每株薯苗可采收10克左右微型薯3条以上（图15-3）。

图15-3　微型薯结薯情况

3.脱毒微型薯育苗

（1）大棚育苗＋采苗圃二级育苗法。此方法可同时供给春薯和夏薯生产，每条微型薯可生产种苗约30株。

①在大棚中，于2月中下旬采用规格约10克/条脱毒微型薯双行稀播。

②播种方式。如图15-4所示，平畦连沟宽130厘米，畦面宽90厘米，畦面开2条槽，条播，每畦每条每米约5条微型薯均匀播种，薯块平放，覆土，厚度3～5厘米（图15-4）。

③施用基肥氮磷钾复合肥（15-15-15）每亩30千克，整地时施入；播种覆土后，再面施复合肥，每亩20千克左右。不得施用农家肥、栏肥等，如方便，可施用颗粒型商品有机肥。

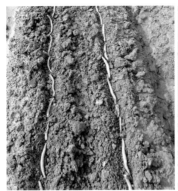

图15-4 脱毒微型薯双行稀播

④播种后保证土壤足够潮湿，盖好土后，喷施除草剂（禾耐斯＋少量草甘膦），再覆盖地膜。

⑤育苗管理。有少量薯苗顶出时，及时把出土的薯苗破膜放苗。齐苗后，如出现缺肥、缺水症状，及时浇水、追肥，保持整个育苗期地膜覆盖、膜下土壤潮湿。

⑥3月底至4月中旬头批和次批剪取的种苗在露地采苗圃中扩繁（图15-5），连沟130厘米宽垄种2行，株距20厘米，施基肥氮磷钾复合肥（15-15-15）每亩30千克，地膜覆盖，7～10天后再破膜露苗，确保早春薯苗发根存活。

图15-5 薯苗扩繁

⑦大棚苗前期分批采苗供应春薯生产，后期与采苗圃一起分批供应夏薯生产，每株苗3～4个节位，插入土中1～2个节位。

（2）一次性育苗法。此方法用于夏薯生产，每条微型薯可生产种苗15～20株。

①在大棚或露地小拱棚中于2月中下旬（大棚）或3月上中旬（小拱棚）采用规格约10克/条脱毒微型薯双行稀播。

②做畦、施肥、播种、盖膜及管理方式同上。

③5月底6月初一次性剪苗种植，每株苗3～4个节位，插入土中1～2个节位。

甘薯纸册工厂化育苗与全程机械化生产技术模式

一、模式概况

甘薯纸册工厂化育苗与全程机械化生产技术是指利用纸册在温室和大棚内短时间培育番薯种苗，培育的种苗与蔬菜移栽机配套使用，实现机械扦插，配套机械化翻耕、收获等，实现甘薯全程机械化生产，该技术在浙江省杭州市萧山吾天家庭农场等地试验示范。

二、主要优势

利用纸册育苗可以在温室、大棚短时培育大量种苗，实现集约化、规模化、工厂化式的种苗生产，培育的薯苗带根带泥及纸质容器，适合长途运输，可在晴天移栽、不浇水或少浇水，活棵栽插，无返青期。纸质容器在入土后很快降解，不影响薯块生长。纸册育苗不仅解决早春甘薯苗供应难题，而且培育的甘薯还可以与蔬菜移栽机配套使用，实行机械扦插，在收获时采用机械收获，实现甘薯全程机械化生产，大大提高种植效益。

三、技术要点

1.纸册育苗　纸册育苗是甘薯机械化栽插的关键。纸册苗由于根系被束缚在圆柱型纸筒内，苗与苗之间根系不相互牵扯，便于分离，同时纸筒包裹的泥土具有一定的重量，能保证薯苗从移栽机下苗孔借助重力自然下落到栽培穴而不会出现卡苗，而且根部朝下，漏插率和差错率基本为零，从而大大提高移栽效果。育苗主要步骤如下：

（1）排种育苗。在大棚、温室等设施内按常规设施育苗方式准备苗床和种薯，排种时薯块间不留空隙，大薯块间填入适宜的小薯块，平放或头上尾下竖放、斜放，以提高单位面积排种量，也可采用电热育苗法，按每平方苗床配50～70瓦土壤加温线铺设，种薯直接摆放电加温线上（图16-1）。

图16-1 排种育苗

（2）纸册准备。选用黑龙江造纸研究所有限公司生产甜菜育苗纸册（19毫米孔径），使用前对纸册进行裁剪。在纸孔内灌入细土或营养土、浇透水，每100个纸孔装入底部带透水小孔的一次性塑料盒（图16-2）。

图16-2 纸册育苗

（3）剪苗扦插。待薯苗整体长20～30厘米，贴地割苗，不论大小全部割下，按薯苗大小分级，丢弃无展开叶的幼苗，分别扦插于塑料盒内的纸孔中，每孔插1株苗，保准1个节位在孔内（图16-3）。

（4）发根促活。插好苗的塑料盒置入20～30℃，相对湿度85%～95%的封闭空间（人工气候室、用薄膜维护的温室立架、小拱棚等），进行保温保湿发根。4～7天后纸孔底部透出白根，10～30厘米的大、中苗炼苗1～2天后可装箱销售或种植，小苗宜继续保持20～30℃，培育至苗长10厘米以上，才可销售或种植。

图16-3　剪苗扦插

2.机械栽插　栽插前对大田进行深翻细耙，施入适量的基肥，根据甘薯栽培要求和井关蔬菜移栽机作业条件整地起垄。将纸册薯苗装运至大田，装箱前保证薯苗叶片干燥，横放，头尾交叉叠压，每层用无纺布隔离。长距离运输的纸箱侧面需开孔透气，到达目的地后，及时开箱，浇透水后在自然散射光下放置，保持纸孔湿润，可较长时间放置待插。栽插时只需一人操作，将纸册苗一枝枝剥离放入移栽机苗孔。一般每小时可栽3 000株以上（图16-4）。

图16-4　机械栽插

3.**机械收获**　选用番薯杀秧机和收获机。收获前杀秧，茎蔓还田。利用收获机将薯块翻至土表，然后人工捡拾装箱（图16-5）。使用的主要的机型有：银河牌4UJ-850甘薯杀秧机、银河牌4UG-160甘薯挖掘机、4S-60薯类收获机、二铧犁挖薯装置。

图16-5　机械收获

甘薯百亩百万种植加工销售一体化模式

一、模式概况

传统的农家薯条以口味甜软、无添加而受市场欢迎，但由于需自然搁置糖化、整薯带皮蒸煮等加工技术制约，无法实现工厂化生产，难以形成产业提升薯农效益。而当前甘薯的工业化规模化生产则采用糖煮的方法来解决难题，不利于健康营养消费。本模式创新了甘薯工艺糖化技术，在加工中糖化，无需搁置糖化，当天收获当天加工。鲜薯的工艺糖化采用了真空技术，根据原料的特点，在一定真空范围保持2分钟，即可达到以前1个月以上的搁置糖化效果，研发基于XMT838P温控仪的30段变温控制蒸汽蒸箱，设置了变温蒸煮曲线，使得生切条的蒸煮糖化效果与整薯带皮蒸煮完全一致。应用创新的甘薯薯条加工技术，设计了"百亩百万种植加工销售一体化"模式，即100亩左右规模的种植大户，自建小型加工厂，日加工鲜薯1 000千克左右，净利达百万的种植加工销售一体化模式。该模式在浙江省诸暨市春加禾农业科技有限公司、衢州现代宝岛生物科技有限公司等开展示范。

二、主要优势

该模式中的核心加工技术，在保留产品传统特色和风味的基础上，解决了传统工艺中自然搁置糖化、整薯带皮蒸煮的缺陷，工业规模化生产中采用糖煮影响品质的难题。做到产品原汁原味、无添加、色泽鲜艳、质量一致，提高了产品质量和效益。该模式适合家庭农场、合作社等实体，种植100亩专用甘薯，投资

20万～30万元的加工设备，200平方米的场地，申办小作坊食品加工SC认证，日加工鲜薯1 000千克左右，自行销售，直接进入终端市场，售价在35元/千克左右，综合总产值在140万元左右，利润率约50%，具有投资少、见效快、风险低的优点。在推进产业扶贫和新时期全面实施乡村振兴战略的大背景下，发展前景广阔。目前，该模式已在浙江省诸暨、衢江、遂昌、永嘉等地应用，并推广到河南、山东、重庆、贵州等地。

三、技术要点

1.品种选择 采用高淀粉专用品种，如浙薯13（图17-1）、浙薯33（图17-2）等。

图17-1　浙薯13

图17-2　浙薯33

2.育苗管理 3月上旬，开始安排大棚加地膜覆盖保温育苗，育苗过程的重点是做好排种和苗床管理这两项工作。

（1）种薯排种。薯块顶部朝向一致，薯背向上，薯块间隔保持3厘米。排种时要注意根据薯种大小分级排种，以便剪苗时分级扦插。排薯后用焦泥灰和腐熟堆肥覆盖，厚度2厘米左右，铺好地膜，再搭好小弓棚盖上地膜，确保增温育苗，遇上降温或寒冷天气应铺上草片。

（2）苗床管理。主要抓好保温、保湿、通风等措施，出苗前保持床温25～35℃，出苗后温度控制在20～25℃，超过30℃应及时通风散热（图17-3）。出苗以后要注意苗床湿度，当苗床发白

图17-3 大棚育苗

时要及时追肥，以促进薯苗生长。当薯苗长有7～8叶、苗高20～30厘米时即可剪苗扦插，一般将苗龄控制在35天左右。

3.基肥施用 采用一次性施肥技术，全部肥料在翻耕前作为基肥施下，用量为商品有机肥200千克/亩、复合肥30千克/亩、硫酸钾30千克/亩。

4.机械起垄 耕层深度以25～30厘米为好，耕耙后起垄，要求垄距匀、垄要直，垄面平、垄心耕透。

5.移栽扦插 5月上中旬开始移栽扦插，按照肥地宜稀、薄地宜密的原则，在发挥群体增产的基础上，充分发挥单株潜力，一般要求株行距为40厘米×70厘米，即每亩栽植2 382株以上，水平浅种插足苗。薯苗用带5～6张叶片嫩茎尖，将每蔓4节地下平放覆土，1～2节留地上，成活后及时查苗补苗。

6.适时收获 加工用商品薯最迟收获期是在降霜之前，同时避免在雨天收获，收获时应精心挖掘，减少破损（图17-4）。

图17-4 适期收获

7.薯条加工　基本流程：原料鲜薯→清洗→去皮→切条→蒸煮→变温烘烤→回潮→适温烘烤→真空包装→高温灭菌→成品（图17-5、图17-6）。其制作方法如下：

（1）去皮切分。用自来水清洗鲜薯后，进行人工去皮并削除白色皮肉部分。根据成品单片重量的需要，按长条形的要求，对薯块进行切分。

（2）变温蒸煮。将切分后的薯块置于装有不锈钢烤架网盘的烘车上。基于XMT838P温控仪的30段变温控制蒸汽蒸箱，设置变温蒸煮曲线进行蒸煮，使得生切条的蒸煮糖化效果与整薯带皮蒸煮完全一致。蒸煮结束后取最大薯块检查，中心切面无白色淀粉块，整个切面呈均匀透明糯糊状。

（3）分段烘烤与回潮。成型的薯条置于不锈钢烤架，避免互相粘连，中高温分段烘烤3～5小时，每1～1.5小时翻转1次烘车，中间翻动2～3次薯条。期间关闭电源或取出置于室内12小时左右回潮，若发现表面干硬但中心过分湿软，回潮重复1次，用不高于80℃进行烘干。此阶段完成标准：整块色泽由薯肉本色的浅橘红或黄转成鲜艳的琥珀红，表面出现光泽，有透明感，薯条呈现韧性，不黏手。

（4）真空包装，高温灭菌。使用PE复合真空包装袋，真空充气包装机包装，然后进行高温灭菌（图17-7、图17-8）。

图17-5　薯条加工制作　　　　　　图17-6　加工厂房

图 17-7　真空包装
成品

图 17-8　交流指导

鲜食蚕豆人工春化设施高效栽培技术模式

一、模式概况

是指利用人工春化措施和大棚保温栽培，促使鲜食蚕豆提早开花结荚，避开上市高峰，提早上市的技术。该技术在浙江省松阳县靖居蔬菜专业合作社、湖州南浔康源生态农业专业合作社等地试验示范。

二、主要优势

利用基质穴盘育春化苗，比常规育苗成苗率提高15%以上，发病率降低15%以上。利用春化设施高效栽培技术，成功解决了鲜食蚕豆早期结荚的问题，实现蚕豆元旦到3月的淡季上市，保证了蚕豆种植的产量和效益。亩产达到1 500千克以上，亩产值超1.5万元，亩效益超万元。

三、技术要点

1.基本设施条件和做畦　选择排水性较好的8米大棚，近二年没有种植过豆类作物。根据前作情况，确定施肥量。一般每亩施基肥：腐熟有机肥500 ~ 1 000千克、氮磷钾复合肥（15-15-15）20千克、过磷酸钙30 ~ 40千克、硫酸钾3千克，微量元素肥适量等。全面散施后深耕起高畦，有滴管条件的，最好铺上滴灌带。8米大棚做3畦6行，畦宽约150厘米、沟宽50 ~ 60厘米，或者6畦6行，畦宽60 ~ 70厘米、沟宽30 ~ 40厘米（图18-1、图

18-2）。二侧边空距尽量大一点，以方便二层膜操作。最好能提前盖黑地膜。

2.**春化苗的培育** 将经过春化处理的芽或者幼苗，用50穴或32穴的穴盘进行育苗。育苗土使用经完全消毒的泥炭土或育苗专用土。上盘后，要充分浇湿，育苗盘底部要架空，有利于穴盘底部通风，促进发根。育苗宜在能避雨的大棚内进行。育苗期间仍处于高温期，前期可用遮阳网适当遮阴。

3.**定植管理** 在9月中下旬左右将4～5片叶大小的春化苗按株距45～50厘米，定植在大棚内，每亩1 200～1 300株。定植时由于气温较高，尽量选择阴天或者下午进行。定植后要及时浇定根水，最好用遮阳网适当遮阴，以促进及时成活。

图18-1　六畦单行种植

图18-2　三畦双行种植

4.**化控技术** 大棚春化蚕豆栽培，定植后刚好处在高温期，容易导致植株营养生长过快过旺，生产上容易造成开花不结荚或不开花，必须要做好营养生长与生殖生长的平衡。一般在侧枝15厘米左右喷施12%烯唑醇1 000～1 200倍液；15～20天过后，进入结荚期前，视长势再喷施12%烯唑醇800～1 500倍液（图18-3、图18-4）。

图18-3　第一次矮化处理

图18-4　烯唑醇

5.**整枝打顶**　定植后5～6片叶时主枝摘心，促进侧枝发生。待有8～10个枝条发生后，选择粗壮的6～8个枝条，其余尽早摘除，包括后续发生的侧枝。在侧枝看到有结荚节位开始，留8～10个花序，将侧枝打顶（图18-5）。

6.**温湿度调控**　1～2月上市的春化大棚蚕豆，其开花结荚期刚好遇上低温期。为了能使荚充分膨大，提高产量，必须要采取保温措施。大棚内需加中棚，温度低于0℃时，还需加小拱棚，以防产生冻害。棚内温度以20～25℃为宜，温度高需通风，要先内后外，先小棚后大棚的原则进行，同时可降低棚内湿度，以防病虫害发生。

图18-5　侧枝摘心

7.**病虫害预防**　做好蚜虫、潜叶蝇、褐斑病、轮纹病、赤斑病、锈病和灰霉病等的防治。

# 小麦缓释肥应用技术模式

一、模式概况

应用新型缓释肥料代替常规肥料，减少小麦施肥次数，提高肥料利用率的小麦高效简化施肥技术。该技术在示范基地桐庐县分水镇林燕家庭农场、杭州余杭益民农业生产服务专业合作社等地试验示范。

二、主要优势

利用该技术，可减少小麦施肥次数1～2次，缓解劳动力紧张的问题，降低了小麦生产劳动用工成本。同时提高肥料利用率，与常规施肥相比，小麦增产5%。

三、技术要点

1.品种选择　选择耐湿、抗病、抗穗发芽品种，以应对渍害重、病害重、后期降雨较多的生态环境。

2.适期播种　浙北地区宜在11月上旬播种，浙南地区宜在11月中旬播种。

3.播种量及播种方式

（1）播种量。11月上中旬适期播种的，每亩播5～7.5千克，11月中下旬播种的，每亩播8～12千克，播种适期过后，每晚播1天，播种量可增加0.25～0.5千克，晚播麦田最大播量也不应超过22.5千克。

（2）播种方式。

①适播。茬口早，有整地条件的，最好采用机条播，先要进行深翻灭茬、秸秆还田，耙平压实后机条播。行距8寸，播深3厘米以内，播前要调试，保证播量适宜，播种均匀。无机播条件的，可采用撒播，播量比条播的增加10%左右。

②晚播。割稻时已临适播末期，耕田会延误适期，可采用割稻后板茬撒播，播后用开沟机开沟撒土盖籽。

③迟播。割稻时已误了适播期，可采用二法：一是于适播期在稻田撒播套种，割稻后用开沟机开沟撒土盖苗，播量比计划增加20%左右；二是采用培育"独秆苗"加大播量，播种方法采用后播种或板茬播种均可。

4.简化施肥

（1）肥料选择。选择好乐耕（15-4-6）或茂施缓释肥（26-15-8）。

（2）肥料用量和施肥时间。适期播种的小麦，可采用"一基一追"法用好乐耕（15-4-6）50千克作基肥，施穗肥8千克；或用茂施缓释肥（26-15-8）40千克作基肥一次性施肥。

迟播的小麦，可采用好乐耕（15-4-6）50千克作基肥一次性施肥，或茂施缓释肥（26-15-8）30千克作基肥一次性施肥。

5.水分管理　播种前开好田内外三沟，田内每3米左右开一条墒沟，宽20厘米左右，深20厘米以上，出水口在25厘米以上，在播后出苗前立即开好，田外要有排水干沟，深50厘米至1米，做到雨止田干（图19-1）。田间的沟系，也可供抗旱灌水用，在播种前遇旱，可灌底墒水，保证全苗；在施

图19-1　开好田间三沟

拔节肥时遇旱，可沟灌，保证肥效及时发挥；在灌浆结实期遇旱，可用沟灌抗旱。

6.化学治草及病虫害防治

播前药剂拌种，防治前期病虫害。草害采用播种后出苗前"封闭化除"；后期对于草害发生达到防治指标的田块，要在小麦拔节前的冷尾暖头、日均温8℃以上抢晴用药，并避免在寒流来临前后3天内用药，以防发生冻药害现象。根据植保监测情报及推荐药剂及时防治纹枯病、条锈病、白粉病、赤霉病、蚜虫等。其中，重点防控赤霉病和蚜虫。

鲜食玉米纸册育苗与机械移栽技术模式

一、模式概况

育苗移栽是鲜食玉米提前播种提早收获的主要增效技术。早春育苗需借助大棚、小拱棚等设施，成本投入相对较大。生产上，玉米育苗主要有蔬菜育苗盘法、塘泥方格法、普通苗床法，蔬菜育苗盘育成的苗粗壮，质量好，但成本高，由于用的是育苗基质，移栽时根部基质容易松脱，影响返青；塘泥方格法秧苗素质较好，但需要较大的苗床，且起苗、运苗相对麻烦，移栽过程中土块容易掉落扯断根系；普通苗床法秧苗素质较差，不能实现带土移栽，栽后需要一定的缓苗期，影响成活率。本技术采用纸册育苗，在温室或大棚内进行玉米育苗，将培育的种苗与蔬菜移栽机配套使用，实现机械扦插，配套机械化翻耕、收获等，实现玉米全程机械化生产。

二、主要优势

纸册育苗采用孔径1.8厘米的纸孔（相当于微型营养钵），在纸孔内灌入细土或营养土，每个纸孔播一粒，每100个纸孔尺寸仅30厘米×8厘米，占地非常小，按每亩3 500株计算，育苗直接占地面积仅0.84平方米，设施利用率高，可以实现规模化集约化育苗，而且秧苗带土移栽，不伤根，无缓苗期，移栽成活率高。将纸册苗与蔬菜移栽机结合可以实现机械化移栽，效率大幅提高。

三、技术要点

1.纸册育苗　纸册育苗方法及步骤如下：

（1）精选种子。播种前晒种1天，对种子进行精选，剔除病虫粒、秕粒、霉烂粒，确保每颗种子健壮饱满，提高出苗成苗率。

（2）纸册准备。选用黑龙江造纸研究所有限公司生产甜菜育苗纸册，规格：孔径1.8厘米，高度15厘米，1 400孔，孔间用水溶胶黏结而成，使用前按高度方向切成3段，每段高度5厘米。

（3）填土播种。将纸册拉伸，4个角用木棒固定在木板上，用配制好的营养土或蔬菜育苗基质填灌入纸孔2/3（需不断震动木板，使泥土沉实），每孔置入1粒健壮种子，然后继续填满。

（4）置床出苗。将播好的纸册统一整齐摆放到平整的地面（苗床）上，为避免根系扎入苗床起苗时损伤根系，可以事先在畦面上铺一层地膜，在地膜上铺一层薄薄的基质保持水分，纸册放置完毕后一次性浇透水，盖上地膜和小拱棚等保温设施等待出苗（夏秋季改用遮阳网，防止晒干）。

（5）苗期管理。出苗后揭去地膜，保持孔内泥土湿润，过干时则酌情浇水。苗期不用再施肥。纸册育苗密度很高，要根据天气情况，加强通风炼苗，防止徒长。如苗龄较长，可喷施低浓度烯效唑溶液对秧苗进行化学调控，保证秧苗健壮（图20-1）。

图20-1　纸册育苗

2.机械移栽　栽插前对大田进行深翻细耙，施入适量的基肥，根据玉米栽培要求和井关蔬菜移栽机的参数规格整地起垄。起苗移栽前浇透水，一是保持纸册苗湿润，栽后无需再浇水活棵；二是纸册湿透后更容易相互剥离，提高移栽速度；三是可以增加纸册钵苗重量，移栽时落地快、效果好。栽插时只需一人操作，将纸册苗一枝枝剥离放入移栽机苗孔。一般每小时可栽3 000株以上（图20-2）。

图20-2　机械移栽

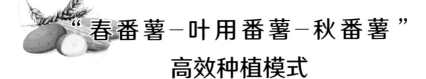

"春番薯－叶用番薯－秋番薯" 高效种植模式

一、模式概况

利用大棚保温设施，实行春季小番薯促早栽培，于3月上中旬扦插，6月中下旬收获；夏季种植叶用番薯；秋季小番薯采用延后栽培，于6月下旬至7月初育苗、7月底至8月初扦插，11月中下旬收获。实现一年三收。本技术模式在浙江省杭州市萧山吾天家庭农场等地试验示范。

二、主要优势

通过大棚春季促早栽培和秋季延后栽培技术，在很大程度上解决了番薯上市集中的的弊端，再通过短时间（2～5个月）冷库储藏技术，使本地番薯能够周年供应市场，并通过开拓叶用番薯市场，弥补蔬菜夏淡，从而丰富市民菜篮子，增加了种植户收入。示范基地春秋两季番薯产值超1万元，利润超3 500元；夏季叶菜小番薯产值超1万元，利润超3 500元，一年亩产值超2万元，亩净利超7 000元。

三、技术要点

1.茬口安排　第一季小番薯在2月初开始育苗，3月上中旬移栽，6月中下旬可收获上市。7月初至9月中旬种植叶用番薯；9月中下旬至12月种植第二季番薯。

2.育苗

（1）选种。种薯应选择无病虫害、无机械损伤、重量150～300克的薯块为宜。品种以心香、金玉、浙薯6025、浙薯132等为宜。叶用番薯用浙菜薯726。

（2）纸簇两段育苗。春季采用大棚加小拱棚，电热丝辅助增温，对小种薯催芽育苗。当芽苗长到2节以上时，选择基部1.5～2厘米有3～5个节位的苗采收，用生根粉800倍液浸泡30～45分钟，再插入纸质育苗盘，纸质育苗盘一般选择2.5厘米×4厘米规格为宜，在20～30℃条件下5～7天发根，25～35℃条件下3～5天发根，薯苗发根之后应及时移植。秋季在生产大田中进行留芽采苗，芽苗再采用纸簇育苗，用于大田生产。

3.扦插　春季在3月上中旬、夏季在7月初、秋季在9月中下旬分别扦插，宽垄双行，株距25～30厘米，采用浅平插法，将4个节位水平插或斜插入土中，两叶一心露出地面，其余叶片埋入土中，以利薯苗成活和结薯分散均匀，提高商品率和产量，每亩扦插4 500株左右，扦插成活后立即进行查苗补苗（图21-1）。

4.中耕除草　第一次中耕除草在薯苗开始延藤时进行，以后每隔10～15天进行1次，共2～3次。在生长中后期选晴天露水干后进行提蔓，其次数和间隔时间以防止不定根的发生为宜。

图21-1　薯苗扦插

5.施肥　要求多施有机肥，增施钾肥，少施化肥，以确保其品质和食味。一般基肥每亩用腐熟有机肥1 000千克，结合作垄时条施于垄心。追肥要根据土壤、基肥用量及茎叶长势，分别在苗期、

图21-2　施　肥

茎叶旺长期、薯块膨大期用尿素加钾肥施用（图21-2）。一般在扦插后15～20天亩施硫酸钾型复合肥30～40千克；扦插后30天亩施灰肥10～15千克。

6.病虫害防治　病虫防治主要加强防治地下害虫，以防止薯块出现虫斑而影响产品的商品性。在整个生育过程中，一般提倡以加强田间管理，如中耕除草、开沟排水、抗旱灌水、合理密植、提蔓等措施来控制病虫的发生和蔓延，不用或控制使用化学药剂。在地下害虫较多的田块，扦插前用50%辛硫磷1 000倍液喷施或用3%～5%辛硫磷颗粒剂2～3千克，拌细土15～20千克，于起垄时撒入埂心或栽种时施入窝中。并根据虫害发生情况用1%阿维菌素2 000倍左右溶液防治地上害虫一次。

7.收获　收获时间要根据当地气候、品种特点结合市场需求来确定，一般扦插后90～100天即可收获，最迟收获期在降霜之前，薯块禁止在雨天收获。收获过程要轻挖、轻装、轻运、轻卸，防止薯皮破损和薯块碰伤。叶用番薯根据市场需求分批采摘。

鲜食大豆大棚葡萄园套种技术模式

一、模式概况

利用大棚葡萄园的土地空间和良好的大棚保温等资源条件，以及早春葡萄枝叶小、太阳光遮蔽率低的有利条件，在3月上旬前后于葡萄种植畦边套种鲜食大豆。该技术模式在浙江省慈溪市、松阳县等地试验示范。

二、主要优势

在不影响葡萄生长和生产操作、不增加较多投入的情况下，不但可提高土地产出率，而且鲜食大豆上市早，效益高。

三、技术要点

1.**品种选择** 品种应选择早熟类型为主，有利更加提早采收，虽然产量较低，但上市时间早，价格高。为拉长采收期，可搭配种植优质高产的中、迟熟类型。目前生产上应用的品种主要有春丰早、浙鲜豆8号、95-1、青酥5号、台75。

2.**抢早播种** 早春2月下旬至3月上旬在大棚葡萄园内建立育苗床，采用小拱棚覆盖播种；或3月中下旬地膜平铺直接播种。播种期分别比露地早30天左右。

3.**育苗移栽** 为便于苗期增温和管理，提倡苗床育苗移栽，同时更有利早成熟早采收。选择土壤肥力良好、地势高燥、避风向阳的地块作为育苗床。播前7天做好苗床，要求在翻耕前基施三元复合肥15千克/亩，深翻0.2米，床面宽1米，整细耙平畦面，播种前1天调节好床土墒情，于次日撒播种子，均匀覆盖细土，防止露籽，最后扣上小拱棚。当苗龄15～20天，第1真叶全展前进行移植。

4.双膜覆盖　移植或直播前7天，进行翻耕整地，深翻0.2～0.25米，整细耙平畦面，畦面宽0.8～1米，覆盖与畦面同宽的地膜。播种或移栽时直接在平铺的地膜上打孔，然后移栽豆苗或点播豆种。直播栽培也可采用先播种后盖膜的方式，出苗后再破膜放苗。

5.移植密度　葡萄栽植行左右各1米宽外侧畦边进行套种大豆（图22-1），大豆移植（播种）行株距（0.4～0.5）米×（0.18～0.2）米，2 800～3 000穴/亩，每穴移植或播种2～3株（粒）。早熟品种宜密，迟熟品种宜稀；肥力低、播种迟宜密，反之则稀。

图22-1　套　种

6.肥水管理　在翻耕整地时，于大豆种植畦上基施俄罗斯产氮磷钾复合肥（15-15-15）25～30千克/亩，翻耕入土；开花初期追施尿素5～7.5千克/亩；鼓粒期叶面喷施1%磷酸二氢钾溶液。大豆移植后要浇1次清水，使根系与泥土贴实，提高成活率。在间套种期间，大棚内的水分调控以首先满足葡萄生长为前提，但由于大豆栽种在大棚内，基本阻隔了雨水淋溶，因此，要看天看地调节水分，当土壤持水量低于60%时喷灌1次水。

7.**适时采收**　为保证早上市，当豆仁鼓粒至70%时开始采收鲜豆荚，在同一植株提倡分期分批采摘，鼓粒成熟的豆荚先行采收，并有利促进正在鼓粒的豆仁迅速充实，既保证豆荚质量，又可增加产量（图22-2）。

图22-2　采　收

鲜食大豆和鲜食玉米分带
间作隔季轮作技术模式

一、模式概况

鲜食大豆和鲜食玉米分带间作隔季轮作技术指在春季在同一块地上分带按不同配比同时种植鲜食大豆和玉米，秋季实行玉米和大豆换畦种植的模式。鲜食大豆和鲜食玉米分带间作有两种玉米群体配置方式，一是玉米密度与纯作一致，二是相应减少为纯作的一半。从产量和经济效益以及方便管理角度来看，栽培上宜采用鲜食大豆与鲜食玉米2：2（一畦大豆一畦玉米，每畦种植大豆或玉米各两行）的带状间作方式。

二、主要优势

鲜食玉米和鲜食大豆分带间作，通过高杆与矮杆作物的合理搭配，通过宽窄行种植和适当提高密度来提高光温资源的利用率，增加单位土地的产出率。分带间作可以在同一个上市季节同时收获鲜食大豆和鲜食玉米，丰富市场供应，经济效益要普遍高于鲜食大豆或鲜食玉米纯作。鲜食大豆与鲜食玉米2：2的带状间作方式，可在基本不影响鲜食玉米产量的情况下，增收30%多的鲜食大豆产量，总量增收20%以上，与鲜食玉米纯作相比，增值30%、增收120%以上。在春季分带间作的基础上，秋季实行换畦种植的轮作性分带间作，可以有效减少连作障碍，提高间作产量和效益。

三、技术要点

（1）选品种。玉米选用株型较紧凑大穗高产品种，大豆则应选耐荫、耐肥水品种。

（2）扩间距。采用宽窄行种植。扩大宽行距离，扩大玉米大豆的间距。玉米宽行160厘米，窄行40厘米，播大豆时，玉米宽行内种2行大豆，玉米与大豆间距60厘米，玉米与玉米，大豆与大豆的间距均为40厘米（图23-1、图23-2）。

图23-1　春玉米春大豆带状套种

图23-2　秋玉米套种秋大豆

（3）缩穴距。根据土壤肥力适当缩小窄行行距，缩小玉米、大豆穴距，玉米大豆均达到清种的种植密度，一块地当成两块地种植。也可适当降低种植密度。

（4）巧除草。采用播后芽前封闭除草，每亩用50%乙草胺150～200毫升或90%乙草胺100～120毫升混72% 2，4-D丁酯50～70毫升，兑水15～20升均匀喷雾，此配方要严格掌握用药时期，在大豆拱土期施药会产生严重药害。

鲜食蚕豆/春玉米－夏玉米－秋马铃薯 一年四熟技术模式

一、模式概况

浙南山区的丽水莲都、松阳、庆元等地，光温资源好，春季回温快。为进一步提高耕地复种指数和生产效益，创新性地提出了蚕豆/春玉米－夏玉米－秋马铃薯一年四熟种植模式，在松阳县叶村乡包安山村、河头村和望松街道岗后村开展试验示范并获成功。

二、主要优势

这一模式将土地、温光等资源利用到了极致，实现一年四种四收，全年亩产超4吨，产值超万元。是一种旱粮扩面增产增收的好模式。

三、技术要点

1.茬口安排　此模式茬口衔接非常紧凑，浙南地区蚕豆在10月下旬播种，翌年4月中下旬收获；春玉米在2月下旬育苗，3月中下旬套栽于蚕豆畦两侧，6月中旬收获；夏玉米于春玉米收获前5天左右播种，苗龄1周左右移栽于春玉米两株之间，9月上旬收获；秋马铃薯在9月上旬播种，特殊年份如夏玉米还未采收，则与夏玉米有1周左右的套种期，11月下旬视行情陆续收获。如第二年继续采用此模式，则在10月下旬将蚕豆套种于秋马铃薯行间（表24-1）。

表24-1　蚕豆/春玉米-夏玉米-秋马铃薯一年四熟模式茬口安排

作　物	播栽期	收获期
蚕豆	10月下旬直播	4月中下旬
春玉米	2月下旬育苗，3月下旬移栽	6月中旬
夏玉米	6月中旬前作收获前5天育苗，1周后移栽	9月上旬
秋	9月上旬	11月下旬始收

2.蚕豆栽培

（1）选用良种。首选慈蚕1号。据试验慈蚕1号产量与日本大白蚕差异不大，但其荚型较大，3粒以上荚比例达41.1%，比日本大白蚕高4.9个百分点，而且品质优、商品性好、市场畅销。

（2）适时早播。蚕豆适时早播，是充分利用冬前温暖气候促进分枝早发，建立高产群体的关键。适宜播种期为10月下旬至11月上旬。翻耕后按畦连沟宽1.5米开沟作畦，畦面宽1.2米。在畦中间播种一行蚕豆，株距30厘米，每亩1 400株左右，每穴播1粒种子。出苗后及时进行查苗补缺。

（3）合理施肥。增施有机肥有利于蚕豆减轻连作障碍；磷肥能促进根瘤菌的活力，形成更多的根瘤，增强固氮作用；钾肥能使茎秆健壮，增强抗寒抗病力。蚕豆出苗后每亩施氮磷钾复合肥（15-15-15）20～25千克、有机肥500千克；6～7叶期亩施氮、磷、钾有效养分各15%的复合肥30～40千克，促使幼苗早发，健壮生长。蚕豆开花结果期所需养分占全生育期所需养分的50%以上，如养分供应不足，会导致花、果脱落增加，有效荚数和粒数减少，产量下降。因此，在蚕豆现蕾和初花期，均应酌情施肥，一般亩施复合肥30千克或尿素8～10千克。蚕豆打顶摘心后，亩施尿素10～15千克，提高蚕豆有效荚果率。同时，结合防病治虫在蚕豆花前、花后叶面喷施硼、钼肥和磷酸二氢钾2～3次。

（4）摘心抹芽。摘心是促进蚕豆分枝、早熟、早上市的一项主要栽培措施。第一次摘心在4～5叶期，摘除主茎生长点，控制顶端优势，促使分枝早发。在2月中下旬每株选留8～9个健壮分枝，剪除弱小分枝，然后在蚕豆植株基部喷施"抑芽剂"，控制无效分枝的发生。第二次摘心在3月中下旬蚕豆初荚期进行，每个分枝留6～7个花节，摘除分枝顶端。摘除顶尖控制植株高度，利于田间通风透光，控制养分向顶部输送，促进蚕豆早熟，同时，也为后茬玉米套种提供适宜的空间环境。

（5）病虫防治。蚕豆的主要病虫害有根腐病、赤斑病、锈病和潜叶蝇、蚜虫等。土壤湿度大、植株群体间通透性差，是诱发病害的主要原因。因此，除了开沟排水、降低田间湿度、改善通气条件等农业措施以外，还应在3月中下旬至4月上旬及时进行病虫害检查，一旦发现上述病虫害，及时选用对口农药进行防治，连喷2～3次，控制病虫害蔓延。

3.春玉米栽培

（1）品种选择。鲜食春玉米宜选用苗期抗寒性较强、品质优、产量高品种，有利于田间种植安排及提高产量和效益。

（2）播种育苗。选择背风向阳、土质疏松、肥力较好的田块，按每亩大田15平方米做好苗床待播。每15平方米苗床施腐熟有机肥10千克加复合肥0.6千克。在2月中下旬播种，播种后加盖地膜和小弓棚保温。出苗后注意天气变化，及时做好炼苗、防冻、防烧苗等工作，在3月中旬气温稳定时揭膜。

（3）适时移植。春玉米3月中下旬移植套种，在蚕豆畦两边各栽种一行玉米，株距35厘米，亩栽2 500株左右（图24-1）。

（4）及时追肥。玉米是需钾量较大的作物，在施肥种类上要增施钾肥。一般在玉米移栽成活后亩施氮磷钾复合肥（15-15-15）10～15千克、有机肥500千克。蚕豆收获后将蚕豆秸秆放置于玉米基部，追施高氮高钾复合肥20千克/亩，并进行培土。大喇叭口期每亩追施高氮高钾复合肥30千克或尿素15千克、钾肥10千克，齐穗后看苗补施尿素10～15千克。

（5）防治病虫。玉米病虫害主要是大小斑病、纹枯病、锈病和玉米螟、蚜虫及地下害虫蟋蟀等。要根据病虫发生情况及时选用对口农药进行防治，收获前20天停止用药。

4.夏玉米栽培

（1）整理前茬。在春玉米收获后及时将前茬玉米秸秆砍下摆放在畦中间，施入尿素和氯化钾各15千克作基肥，然后在畦两边挖出移栽穴（沟），将基肥及玉米秸秆埋入土中封严。也可以将玉米秸秆通过加工，用作奶牛饲料。

图24-1　鲜食蚕豆套种春玉米

（2）短龄移栽。夏玉米一般选用高产优质的甜玉米品种，在春玉米收获前5天播种，苗龄7天左右移栽。栽植密度要比春玉米略密，株距30厘米，亩栽3 000株左右。移栽时要及时浇活棵水。

（3）预防干旱。夏玉米栽培主要在高温季节里生长，玉米水分蒸发量较大，要防止干旱缺水，如遇干旱要及时灌跑马水抗旱。

（4）灵活施肥。夏玉米生长期间温度高，玉米生长进程较快，肥料利用率较高，施肥要讲究及时适量。总施肥量一般可比春玉米减少10%左右，在移栽成活亩后施复合肥20千克促苗，中期看苗促平衡，大喇叭口期每亩追施高氮高钾复合肥30千克，抽穗后看苗补施尿素10～15千克。

（5）防治病虫。夏玉米生长期间温度高，病虫发生频率加快，要根据病虫发生情况及时做好防治工作，特别要关注农药残留期。

5.秋马铃薯栽培

（1）整理前茬。随着气温的下降，夏玉米秸秆腐烂较慢，以通过加工，用作奶牛饲料为宜。如季节时间有余，也可将玉米秸秆通过翻耕埋入沟中作基肥。

（2）适时播种。选用早熟高产、黄皮黄心的中薯3号、中薯5号等品种（图24-2）。秋马铃薯播种期间没有合适的北繁种，且温度较高，不提倡切块播种，因此主要以春季留下来的30克左右的小整薯作为种薯。秋马铃薯生育期短，播种后70天左右即可收获，一般在9月上旬播种为宜。在畦两边深开播种沟，按株距25 ～ 30厘米在播种沟中摆放种薯，每亩播种不少于3 000株。在每株间亩施高氮高钾复合肥25 ～ 30千克，用300 ～ 500千克泥灰或腐熟有机肥盖种。

（3）清沟培土。秋马铃薯出苗后结合清沟，用沟中淤积的泥土进行培土，防止后期薯块露青。结合培土亩施高氮高钾复合肥25 ～ 30千克。10月下旬在畦中间套播蚕豆进行下一轮循环，蚕豆出苗后，将马铃薯茎叶翻向靠沟一边，以利蚕豆生长。

（4）防治病虫。秋马铃薯病害主要有青枯病、晚疫病等。当田间出现零星发病时，及时拔除病株减少再次侵染，并喷施甲霜灵锰锌等药剂进行防治。

（5）适时收获。在11月下旬马铃薯植株褪色转黄时，即可根据市场行情逐步收获上市。

图24-2　秋马铃薯

油菜篇 | YOUCAIPIAN

油菜超稀植栽培技术模式

一、模式概况

传统的移栽油菜8 000 ～ 9 000株/亩，密度大造成株高增加，通风透光差，易发生菌核病等病虫害，且经常倒伏，产量下降。油菜超稀植栽培，是以降低油菜种植密度，促进油菜个体发育为核心的一项栽培技术，它利用育苗基质育壮苗、稀植移栽促个体、科学施肥增角果、一促四防防病虫等措施来减少油菜劳动用工、提高油菜单产。该技术在示范基地海宁林源合作社、桐庐县瑶琳镇兴荣家庭农场等地试验示范。

二、主要优势

油菜常规移栽亩需8 000株左右密度，超稀植移栽亩栽4 000株，减少了近一半的劳动用工，同时减少了种子用量，由于稀植通风透光，减少了病害发生，减轻了倒伏，与常规栽培方式相比，一般亩增产20% ～ 30%。

三、技术要点

1.品种选用　选用分蘖力强、抗倒伏、抗菌核病的高油双低优质油菜品种，如浙油50、浙油51、浙大630等。

2.播种育苗　一般9月中旬播种（9月底前播种），比常规播种提前10 ～ 12天，采用基质育苗。精选种子，要求大小均匀，清除瘪粒、芽粒；播前晒种1 ～ 2天。用油菜育苗专用基质，利用大型全自动精量播种流水线，完成基质装盘—压穴—精量播种—覆土—浇水—输送；或利用播种器播种育苗（图25-1）。育苗盘采用72穴或50穴。利用空闲的水稻育秧大棚或露地，整平地块，铺放秧盘，铺设临时微喷管或安装固定喷头喷水，保持秧盘基质湿润。在3叶期时每亩苗床用15%多效唑50克或5%烯效唑20克兑水50千克均匀喷施，切勿重喷。秧龄30天左右时每亩施尿素2.5千克。

图25-1 穴盘基质育苗

3.稀植移栽 油菜移栽前喷施乙草胺或金都尔等芽前除草剂，控制草害。移栽前油菜必须达到7~8片绿叶，苗高25厘米，根颈粗0.7厘米，苗龄45天（不要超过60天）的大壮苗标准，10月中旬带肥带药移栽，最迟在10月底前移栽完毕（图25-2）。移栽早、气温高、成活快，利于秋发。移栽密度可根据移栽时间迟早，在3 000 ～ 6 000株，

图25-2 稀植移栽

移栽早可稀，移栽迟增加密度，可宽窄行移栽。

4.科学施肥　双低油菜每生产100千克菜籽，需纯氮10千克、纯磷4千克、纯钾9千克，三要素比例为3：0.4：1，磷、钾、硼肥作基肥一次性施入。氮肥50%作基肥，30%苗肥，20%薹肥，大田基肥要求尿素10千克，过磷酸钙25千克，氯化钾10千克，硼肥1千克。活苗后主攻秋发，是夺取高产的关键。结合治虫防病，11月下旬至12月上旬喷尿素3千克加磷酸二氢钾200克/亩，地力差的田块施二次。12月底前要求有绿叶12～13张。

5.打顶发枝增角果　在油菜薹高35～40厘米时，摘薹芯10～15厘米即可，为促使腋芽发枝快而壮，摘顶后立即亩施尿素4千克，加氯化钾1.5千克（图25-3）。

图25-3　打顶发枝

6."一促四防"防病虫　在油菜初花期每亩叶面喷施"速克灵1 000倍液＋吡虫啉＋磷酸二氢钾0.25千克＋硼砂0.1千克"兑水50千克喷施，防菌核病、防蚜虫、防根早衰、防老鼠尾巴。

油菜减肥减药优质高产栽培技术模式

一、模式概况

油菜是浙江省最主要的油料作物。油菜的生长发育、产量和优良品质的获得需要化肥和农药的支撑。但是，长期施用化学肥料也存在一系列问题：如肥料种类不当，偏施氮肥、生长季节过多雨水造成肥料溶淋损失严重，最终导致肥料利用率低以及多余肥料渗入地下水后易形成环境污染；在施药方面，主要存在着除草剂施用不当、杂草存在抗药性、施药机械设备落后，未能将药剂有效送入油菜植株相应部位，造成施用农药过量的问题。该技术模式通过品种选择、栽培措施、施肥和施药等方式的改进，解决油菜优质高产栽培过程中过量施用化肥和农药的问题。

二、主要优势

油菜化肥农药减施技术的建立，对实现油菜绿色、生态生产和增产具有重要意义。该技术模式在全省油菜种植区进行了示范推广，经过多年示范与验收，显示在合理的种植密度下（种植密度降低至4 000株/亩）、油菜专用缓释肥等技术支持下，亩产仍可达到200千克/亩以上。

三、技术要点

1.适时播种，培育壮苗　9月中下旬播种，采用穴盘基质育苗，苗龄控制在40天左右。若苗龄超过40天，采用喷施多效唑或提穴盘断根方式控制秧苗生长。采用微喷管进行水分管理：播种完第一次浇水要浇头，以穴盘底部泥土湿润为止，之后生长前期隔2～3天喷灌1次，生长中后期严格控制水分，防止油菜长叶不长根。育苗期间注意猿叶甲、菜青虫等虫害，若发生，可采用25%亚胺硫磷乳油30～40毫升，或2.5%溴氰酯粉剂40～50克兑水50升喷施，再用薄尿素溶液补充肥料。

2.**适时移栽，合理密植**　苗龄40天后，于10月底至11月上旬移栽。油菜秧苗后达到壮苗标准（移栽时有绿叶6～7片，根颈粗达0.6～0.7厘米，株型矮壮，叶柄粗短，叶密集丛生不见节，无红叶和无高脚苗，主根直，根系发达，无病虫害），油菜种植密度不宜超过4 000株/亩（图26-1）。移栽7天后，查漏补缺，若有死苗，及时补充。

图26-1　壮苗移栽

3.**油菜专用缓释肥侧深施肥**　施用湖北宜施壮公司生产的油菜专用缓释肥（N-P-K，25-7-8，40%，含硼肥），每亩40～50千克。作为底肥一次性施入土壤，施肥深度在5厘米左右。

4.芽前封闭　移栽前用除草剂金都尔50毫升/亩土壤喷雾封闭，厢沟两侧均要打药封闭。施药封闭时应避开大雨；土壤含水量适中，约50%，不宜太干或积水，容易造成封闭效果不良或者药害。

5.航空植保技术

（1）菜青虫防治。菜青虫卵孵化高峰1周左右至幼虫3龄以前，小菜蛾幼虫盛孵期至2龄前，每亩用25%亚胺硫磷乳油30～40毫升，或2.5%溴氰酯粉剂40～50克兑水50升，或用22.5%氯氟·啶虫脒30克兑水30升，采用无人机喷施。

（2）猿叶甲防治。卵孵盛期喷洒5%卡死克乳油2 000倍液或50%辛硫磷乳油1 500倍液或每亩用20%高效氟氯氰菊酯100毫升兑水30升，采用无人机喷施。

（3）菌核病防治。在油菜初花期和盛花期，每亩用25%咪酰胺乳油30毫升兑水60升，采用无人机喷施。

（4）蚜虫防治。在油菜苗期和终花后期，每亩用25%吡蚜酮10克兑水30升，采用无人机喷施。

6.适时收获　油菜转入完熟阶段，此时植株和角果含水量降低，角果层略抬起时为联合收获最佳时期。收获要求采用机械收获，选择早晨或傍晚收获为宜（图26-2）。

图26-2　适时收获

四、技术应用注意事项

稀植油菜密度不宜过高，根据试验与示范效果，在3 500～4 000株/亩，能够获得高产。油菜专用缓释肥用量根据当地土壤的肥力状况可适量微调。在油菜抽薹期，根据苗情决定是否追施薹肥。金都尔封闭可在移栽前施药，移栽时尽量不要翻动开穴周围的土层。

油蔬兼用型油菜生产技术模式

一、模式概况

油菜是我国重要的油料作物，年产菜籽量约达1.40×10^7吨。近年来，随着农业供给侧结构性改革的提出、实施以及深化，要求种植者在农产品生产上不仅要有数量保障，而且在质量上更加要突出多元化、绿色化和优质化等特点；在以新需求为导向的油菜产业战略发展中，油菜多功能的开发和应用，包括菜用、观赏用、饲用、蜜用、肥用和药用等，改变了传统油菜生产仅仅作为菜籽榨油供人们食用的单一功能，极大地延伸了油菜的产业链。虽然油菜对提高土壤肥力，调节生态平衡，实现粮食（水稻）和油菜绿色、周年高产高效具有重要意义。但是油菜的比较效益低，严重地打击了种植者的积极性；同时，随着农村劳动力的减少，导致油菜种植面积一度下滑。因此，通过开发油菜多功能如油蔬两用模式，提高油菜种植效益，为油菜产业的发展拓宽了道路，为推动油菜薹作为载体促进农民增收、提高油菜种植效益具有很重要的意义。

二、主要优势

由于油菜薹口感鲜美，营养价值高，在油菜抽薹到一定高度之后进行采收油菜薹，采摘后及时补充尿素，促进油菜分枝的形成，油菜籽产量并未造成减产。因此，在收获油菜籽的同时增加采收油菜薹的效益。经估算，采收油菜薹后，种植油菜的全年效益可增加2 000元左右，大大地增加了种植油菜的经济效益。

三、技术要点

1.**适时播种，培育壮苗** 选择油蔬两用型油菜品种。9月中下旬播种，采用穴盘基质育苗，苗龄40天左右。播种后浇水要浇头，以穴盘下面土壤湿润为止。之后水分管理严格控制，防止油菜地上部分生长过快过嫩。秧苗后期采用薄尿素溶液补充肥料。也可采用直播。

2.**合理密植** 移栽和直播油菜种植密度不宜超过8 000 ~ 10 000株/亩。直播油菜长至5叶期进行间苗。

3.**施肥** 施用湖北宜施壮公司生产的油菜专用缓释肥（N-P-K，25-7-8，40%，含硼肥），每亩40 ~ 50千克。作为底肥一次性施入土壤。

4.**芽前封闭** 移栽前或直播播种盖子后每亩用除草剂金都尔50毫升土壤喷雾封闭，厢沟两侧均要打药封闭。施药封闭时应避开大雨；土壤含水量适中，约50%，不宜太干或积水，容易造成封闭效果不良或者药害。

5.**菜薹采摘** 在油菜株高45厘米左右采15厘米高度的菜薹（图27-1）。

图27-1 菜薹采摘

6.补肥　菜薹后及时补充肥料，尿素每亩7.5千克。

7.菌核病航空植保技术　采用无人机施药技术，在初花期进行喷施抗菌核病农药。在油菜苗期和终花后期，每亩用25%吡蚜酮10克兑水30升，采用无人机喷施。

8.收获　油菜转入完熟阶段，此时植株和角果含水量降低，角果层略抬起时为联合收获最佳时期。收获要求采用机械收获，选择早晨或傍晚收获为宜。

四、技术应用注意事项

油蔬两用型油菜采摘后形成伤口，应及时进行菌核病防治，预防菌核病引发的病害。

图书在版编目（CIP）数据

浙江主要粮油作物生产新技术与新模式/怀燕，厉宝仙主编．—北京：中国农业出版社，2021.1
ISBN 978-7-109-27737-3

Ⅰ.①浙… Ⅱ.①怀…②厉… Ⅲ.①粮食作物-栽培技术②油料作物-栽培技术 Ⅳ.①S51②S565

中国版本图书馆CIP数据核字（2021）第005342号

中国农业出版社出版
地址：北京市朝阳区麦子店街18号楼
邮编：100125
责任编辑：李 蕊 黄 宇
版式设计：王 晨 责任校对：吴丽婷 责任印制：王 宏
印刷：中农印务有限公司
版次：2021年1月第1版
印次：2021年1月北京第1次印刷
发行：新华书店北京发行所
开本：880mm×1230mm 1/32
印张：3.75
字数：100千字
定价：40.00元